U0216531

Jewelry Design And Aquarelle

高级珠宝设计

手绘技法教程

梁欣——编著

电子工业出版社
Publishing House of Electronics Industry
北京·BEIJING

图书在版编目（CIP）数据

高级珠宝设计手绘技法教程 / 梁欣编著. —北京：电子工业出版社，2019.10

ISBN 978-7-121-37404-3

Ⅰ.①高… Ⅱ.①梁… Ⅲ.①宝石—设计—绘画技法—教材 Ⅳ.①TS934.3

中国版本图书馆CIP数据核字（2019）第203510号

责任编辑：田　蕾　特约编辑：李　鹏
印　　刷：河北迅捷佳彩印刷有限公司
装　　订：河北迅捷佳彩印刷有限公司
出版发行：电子工业出版社
　　　　　北京市海淀区万寿路173信箱　　邮编：100036
开　　本：787×1092 1/16　印张：14　字数：358.4千字
版　　次：2019年10月第1版
印　　次：2023年7月第9次印刷
定　　价：89.90元

凡所购买电子工业出版社图书有缺损问题，请向购买书店调换。若书店售缺，请与本社发行部联系，联系及邮购电话：（010）88254888，88258888。
质量投诉请发邮件至zlts@phei.com.cn，盗版侵权举报请发邮件至dbqq@phei.com.cn。
本书咨询联系方式：（010）88254161～88254167转1897。

SHIN LOVIA
-ART JEWELRY-

前 言

　　珠宝手绘是珠宝设计的基础，也是表现珠宝设计的方式之一。写这本书是因为市场上关于学习珠宝手绘技能和方法的专业教程非常少，想必每个想从事珠宝设计的朋友和我一样，都希望拥有一本珠宝设计手绘专业书。

　　在探索珠宝手绘技法表现这条路上，我自己也在不断学习，不断探索，对比尝试各种技法，争取把手绘经验以最简洁明了的方式分享给大家。书中的讲解结合了我在珠宝设计行业实践工作多年的经验，内容更为实用。

　　本书遵从珠宝设计手绘课程的学习系统来进行编排结构和内容，从珠宝设计与手绘效果图基础，到认识珠宝、工艺与结构绘制，到素面宝石和刻面宝石的明暗关系、光影效果以及效果图绘制，再到各类金属绘制表现都进行了详细的绘画过程讲解。同时结合宝石与金属，示范了高级珠宝设计成品的画法与表现，包括：项链、戒指、手镯、手链、耳饰、胸针、领带夹、袖扣等。最后提供了个人原创设计作品创作理念以及成品图展示，读者可以临摹范本进行学习。

　　写作是一件非常漫长且有意义的事情，非常感谢电子工业出版社，感谢支持我的学生、朋友与家人，也欢迎各位朋友一起探讨学习和交流经验，并提出宝贵意见，谢谢大家对本书的支持！

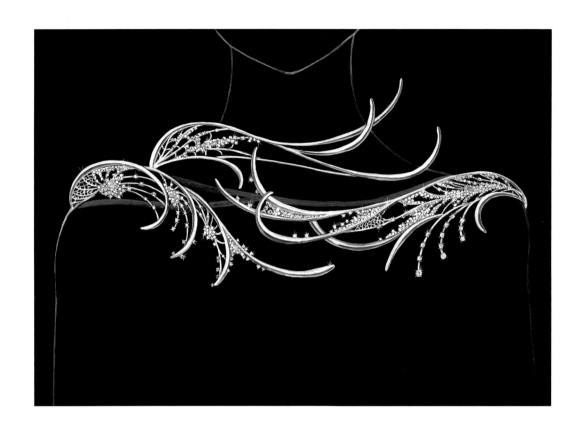

读 者 服 务

读者在阅读本书的过程中如果遇到问题，可以关注"有艺"公众号，通过公众号与我们取得联系。此外，通过关注"有艺"公众号，您还可以获取更多的新书资讯、书单推荐、优惠活动等相关信息。

资源下载方法：关注"有艺"公众号，在"有艺学堂"的"资源下载"中获取下载链接，如果遇到无法下载的情况，可以通过以下三种方式与我们取得联系：

1. 关注"有艺"公众号，通过"读者反馈"功能提交相关信息；

2. 请发邮件至 art@phei.com.cn，邮件标题命名方式：资源下载 + 书名；

3. 读者服务热线：（010）88254161~88254167 转 1897。

投稿、团购合作：请发邮件至 art@phei.com.cn。

扫一扫关注"有艺"

Contents

目 录

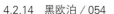

PART 06 珠宝设计手绘效果图技法

01

珠宝设计与
手绘效果图

珠宝设计包含首饰设计创意、首饰计算机辅助设计、首饰制作与工艺、贵金属首饰设计和创意等工作。

珠宝常用贵金属、贵重材料设计制作成首饰，随着时代的发展及年轻人的个性化需求，市场上的款式设计也在往新材料、新工艺的方向发展。

珠宝手绘是珠宝设计中的传统技能，随着制造工艺的日趋复杂，珠宝匠们需要提前绘制设计效果图纸，保证后期珠宝制造的准确度。同时随着客户要求的提高，在制作之前预览成品的效果也变得越来越重要。随着工业设计制图的影响，对效果图的要求逐渐固化下来。几百年来，绘图与工艺，一直是珠宝领域必不可少的两项基础技能。

时至今日，即便数字建模与渲染技术已经相当成熟，但在设计概念阶段，草图以其高效、易修改、快速表现的特点，依然发挥着不可取代的作用。手绘效果图则可以在写实的基础上进行艺术化的加工，使呈现效果更富有人文气息。同时，手绘效果图也是高级珠宝品牌宣传中重要的组成部分。

想要系统地学习珠宝设计手绘，需要从最基础的宝石的绘制开始，逐步深入到效果图的表现。宝石的绘制方法多样，手绘和宝石实际切割不同，手绘一般只需要表现出基本的刻面、宝石色彩和素面宝石的质感即可。另外，贵金属的绘制也是珠宝手绘中非常重要的一环，一般珠宝离不开贵金属的制作，所以表现好不同金属的颜色和光泽，表面肌理也非常关键。贵金属的绘制除了要对金属的形状结构有基本理解，还需要通过大量的日常观察来增加绘制经验。当然，为了更完美地展示效果，也有必要画得严谨细致，力争与实物一致，提高画面效果以作为品牌宣传的有力支撑。

效果图是珠宝设计手绘的展示图，可以写实，也可以进行艺术加工，本书后期的成品绘制就是效果图。效果图可以是正面展示，也可以是带透视的角度展示。一般效果图是 1:1 绘制，为了提高展示效果也可以放大比例，形式比较自由。例如，在绘制戒指和手镯时，通常还需要画三视图，也称工程制图，一般在交付制作时需要用到。由于三视图是用于实际制作，因此需要 1:1 绘制，样式、结构、尺寸工艺等需要清楚标志，而且这类图不着色也没有关系，清晰地表现形态才是最重要的。效果图主要用于给甲方展示或品牌宣传，画面趋于华丽。

1.2 珠宝设计元素

1.2.1 点、线、面元素的构成

任何一门艺术都有其自身的语言，造型艺术语言的主要形态元素是：点、线、面、体、色彩及肌理等。本节我们着重认识一下点、线、面在珠宝设计中的应用。

1. 点

点是设计中构成线和面最基本的造型元素，也是珠宝设计中最重要的设计元素。点的定义比较宽泛，可以分为规则点和不规则点两种形态。点作为设计元素的出发点，是最简单的表达形式，也有最灵活的运用方法，不同的点的组合可以带来多样的表现效果。

珠宝设计中，点可以用最基本的"镶钻"或金属颗粒处理表现，能够达到丰富细节，烘托主体的作用。点也可以作为主石，来烘托设计核心，提升价值。

不同的点元素，带来的视觉心理效果也不一样；

① 规则点排布给人规整、稳重、静止、充实的视觉感受。

② 不规则点组合给人自由、随动、活泼的视觉感受。

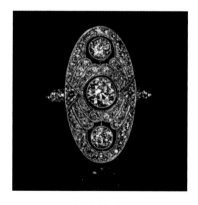

规则点排布

不规则点排布

2. 线

线是点不间断运动的轨迹。在珠宝设计中，线是构成视觉设计的基本元素。线不仅具有长度和宽度，还有立体构成和指向性。在设计表现中，可以用线元素进行分割、编排或重新布局。线元素有直线和曲线，也有实线和虚线，不同的线元素带来不一样的设计性格和特征，合理运用线元素，可以带来丰富的表现力和形式美感。

线也可以分为"动"与"静"，水平和垂直的线元素给人一种稳重、安静、平和的感受；倾斜的线给人紧张、动态、不稳定的视觉感受；更加特殊的是曲线，它兼具"动"与"静"，给人以蜿蜒、柔和、动中有静、静中蓄动的感受。

直线为主的造型　　　　　　　　　　　　　　　　曲线为主的造型

3. 面

面是指设计中面积比较大的形、色和体。例如，一个主石后的金属簪刻大面、设计元素周围镶满碎钻都可以看作是作品中的面元素。

面是为了体现了整体、充实、稳定的视觉效果。自然形的面或不同外形的物体以面的形式出现后，能给人以更为生动、厚实的视觉感受。"面"的设计是至关重要的，它能体现画面的整体结构，而且可以表现画面的主色调，也是画面传达情绪的视觉符号。

"面"的运用　　　　　　　　　　　　　　　　　　　面的运用

"面"的构成、"线"的分割、"点"的点缀都是相互关联的。在构图中，点、线、面的组合犹如一支庞大的交响乐团，而设计师就是唯一的指挥家，以设计主题创意为坐标，灵活合理地运用点线面元素优点，使设计作品的画面更加生动和具有情感元素。

对于珠宝设计而言，点、线、面是画面最基础的构成元素，也是造型最基本的骨架。利用将点、线、面作为一种观察方法和解构作者设计意图的方法，我们可以更客观地鉴赏与评价设计作品。

1.2.2 色彩综合运用

色彩是设计最为活跃的视觉因素，在设计中占有特别重要的地位。对于一件首饰而言，首先最容易映入眼帘的是首饰整体的色彩，其次才是款式、宝石种类和大小。在珠宝设计中色彩搭配上的一点点差异，就会给人带来不同的品质感受。

彩色是指红、橙、黄、绿、青、蓝、紫等颜色。不同明度和纯度的红、橙、黄、绿、青、蓝、紫色调都属于有彩色系。有彩色系的颜色具有三个基本特性：色相、纯度（也称彩度、饱和度）、明度。在色彩学中称为色彩的三大要素或色彩的三种属性。

色相：能够确切地表示某种颜色色别的名称。色彩的成分越多，色彩的色相越不鲜明。色相对比是因色相的差别而形成的色彩对比。

明度：颜色的明亮度，不同的颜色具有不同的明度。明度对比是色彩的明暗程度的对比，也称色彩的黑白度对比。明度高给人愉快、活泼、柔软的感觉，明度低则给人低沉、忧郁的感觉。

纯度：色彩的鲜艳度也称饱和度。纯度对比是指在色彩搭配中因纯度差异形成的对比。纯度弱，颜色清晰度较低，纯度强，给人感觉比较明朗、富有生气，色彩认知度也较高。

色相对比、明度对比、纯度对比在实际设计应用中很少单独存在，往往是两种或多种对比同时存在，只是强弱主次不同。

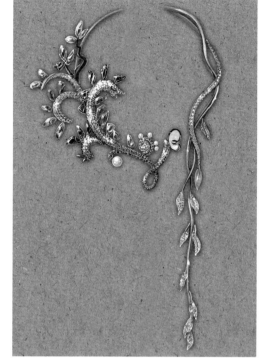

SHIN LOVIA 原创设计《ZOOTOPIA》

色相

加黑明度变暗，加白明度变亮

纯度

暖色

冷色

在设计不同主题的珠宝首饰时，可以根据色彩的冷暖对宝石进行配色。如设计关于"焰火"的主题，我们可以选择红宝石为主石，芬达石作为配石；设计关于"清凉的夏日"主题时，我们可以选择沙弗莱、橄榄石体现夏日茂密的树丛，海蓝宝体现清凉的海水等。哪怕不用线条造型勾勒具体的形态，用对应的宝石色彩配上主题，不需要文字赘述，立马就能令观者在脑海里构造出一幅画面。

色彩的表现：红色象征温暖、兴奋、活泼、热情、积极、希望、忠诚、健康、充实、饱满、幸福等向上的倾向，是我国传统的喜庆色彩。深红及偏紫的红给人感觉是庄严、稳重而又热情的色彩。粉色，则有柔美、甜蜜、梦幻、愉快、幸福、温雅的感觉，几乎是女性的专用色彩。黄色是所有色相中明度最高的色彩，给人以轻快、光辉、透明、活泼、光明、辉煌、希望等印象。

淡黄色令人感觉平和、温柔，而深黄色却另有一种高贵、庄严感。橙与红同属暖色，具有红与黄之间的色性，是最温暖、响亮的色彩，令人感觉活泼、华丽、辉煌、跃动、炽热、温情、甜蜜、愉快。蓝色与红色、橙色相反，是典型的冷色，带有沉静、冷淡、理智、高深、透明等含义。浅蓝色系明朗而富有青春朝气，为年轻人所钟爱；深蓝色系沉着、稳定。群青色充满着动人的深邃魅力；藏青则给人以大度、庄重的印象。绿色给人无限的安全感，象征自由和平、新鲜舒适。黄绿色给人清新、有活力、快乐的感受；明度较低的草绿、墨绿、橄榄绿则给人沉稳、知性的印象。紫色具有神秘、高贵、优美、庄重、奢华行的气质，有时也令人感到孤寂、消极。黑色为无色相无纯度之色，往往给人以沉静、神秘、严肃、庄重、含蓄的感受。白色给人以洁净、光明、纯真、清白、朴素、卫生、恬静等印象。

在珠宝设计中，各种彩色宝石堆放在一起仿佛就像一个调色盘，每个设计师都是调色师，不同的色彩搭配就能体现不同的主题。

分享几种配色的方法，第一种方法是最稳妥的、中规中矩的方法：从常规的珠宝作品中归纳色彩搭配。如翡翠作为主石就常和白钻"白绿配"，还有和玫红色的碧玺做搭配，还有黄色、蓝色的宝石等。

第二种方法是从经典服饰上提取颜色。华服和珠宝相得益彰，可以看看时装周发布会上大牌的服装色彩，也许可以给你带来珠宝设计的配色灵感。

第三种方法是从名画里提取颜色。如凡·高赫赫有名的作品《星空》，经典的蓝、黄配色，可以应用到对应有黄色宝石和蓝色宝石的设计中。

绿色常与白色、黄色搭配

《星空》中的"蓝黄配"

宝石的颜色丰富多彩，只有符合主题地搭配颜色，把握画面的色彩分布，把宝石的美发挥到极致，才能完全体现珠宝首饰的美。

珠宝设计流程一般包括：确定需求、创意构思、草图创作、选择方案、深入细节、工程制图等步骤。

1. 确定需求

珠宝设计需求一般包含两种：一种是客户定制，一种是自主研发。

如果是客户来石定制，需要获取主石的精确尺寸，以便后续制作起版阶段可以精确地调整模型，进行后期加工。同时客户对设计风格、造型的需求及预算也要纳入考虑。自主研发则是根据自身品牌定位进行产品设计，一般企业会结合市场情况和用户需求，开发出具有品牌特色的新产品。与此同时，设计师会不断研究有关新技术、新材料和新工艺等，不断创新开发使设计作品更加精进。

2. 创意构思

设计的创意构思是整个设计创意的核心，需要运用设计创意的方法、经验，并结合客户需求进行创作。从造型、材质、形式、色彩等多个方面发散思维。创意构思的方法比较多样，比较常见的方法有以下几种：

① 联想法：借助想象，把形似的、相联的、相对的以及某一点上有相通之处的事物，选取其共同点加以结合。比如，圆形素面石榴石可以联想到太阳的造型。

② 类比法：也叫"比较类推法"，是指由一类事物所具有的某种属性，可以推测与其类似的事物。比如，从一个掀盖的怀表联想到可以开合的鸟笼造型吊坠。

③ 夸张法：在设计中，为了表达某种效果的需要，对事物的形象、特征、作用、程度等方面着意夸大或缩小。比如，艺术字体设计，用夸张的手法把字体横竖笔画的宽度比例放大到极限以体现设计感。

④ 组合法：功能组合、形态组合、材质组合等。珠宝设计中常见的功能组合是一件多用，比如，一个项链可当作皇冠佩戴，或者同一个款式功能可作为吊坠、胸针和戒指等。

Meander 铂金王冠，可拆分为两顶不同造型的王冠，亦可作为项圈佩戴

3. 绘制草图

绘制设计草图的目的是为了推敲想法，草图的核心就是能展现设计师最初的创意。设计师为了能够最大程度地发挥创作思维，绘制时比较随意，线条不拘泥于形式，随后再优化草图和想法。

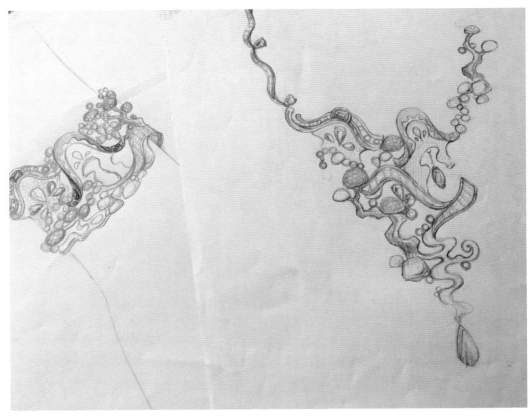

画草图

4. 选择方案

方案的选择有两种情况：一种情况是由客户根据自己的喜好进行挑选；第二种情况是设计师根据自己的审美判断，主推一个设计方案向客户进行展示。对设计师来说，更鼓励大家去选择后者，通过一次次的方案推选能够不断提升设计师的表达能力和设计判断力。

5. 深入细节

当方案确定后，设计师需要考虑工艺和材料，进行方案深化。方案深化阶段非常考验设计师的综合能力，如何在现有的工艺条件下实现最大程度的还原，甚至超越效果图的效果，也是考量设计师综合能力的判断条件。

从 2D 的平面效果图转到 3D 的 CAD 模型，空间的体量关系和立体构成的能力非常重要，所以设计师在草图推敲阶段就要想好后期方案深入的可实现性。

6. 工程制图

珠宝设计与手绘到工程制图这一步，手绘的工作已经基本完成。接下来的工作就是 CAD 制图到工艺跟进的阶段。作为 2D 绘图与 3D CAD 数据的衔接，工程制图需要设计师非常严谨，从尺寸、工艺到材质细节都要定得非常明确，只有这样，才能保证后期实物的准确性。

02

珠宝设计手绘
工具与运用

2.1 绘图工具介绍

珠宝手绘的工具种类繁多，在绘制时对于工具的选择也至关重要。工具的发明是为了方便我们工作，设计者要学会根据实际情况调动工具，选择适合自己的工具，使自己在绘制过程中得心应手。

1. 宝石模板

宝石模板有珠宝绘制常用的形状，包括圆形、椭圆、马眼、心形等，也可以购买自己比较常用的几款型号。但是实际上宝石的尺寸多种多样，而宝石模板只是一些比较概括笼统的尺寸，画异形宝石时不能完全依赖模板，更多要练习的还是徒手绘图的能力。常用品牌：TIMELY、日本珠宝工艺学院。

宝石模板

2. 自动铅笔

自动铅笔是珠宝手绘必不可少的工具，自动铅笔建议选择0.3mm、0.5mm 或 2B 笔芯。

0.3mm 的笔芯画出来线条相较比较细，适合起稿、勾勒结构等。0.5mm 的笔一般用于硫酸纸的影拓、大面积画图的起稿。因为 0.3mm 的笔芯比较细，画一些粗线条的时候容易折断，所以建议 0.3mm 和 0.5mm 一起使用。另外 2B 的笔芯较软，颜色较深，比 HB 的笔芯显色。

常用品牌：施德楼、三菱、斑马、樱花等。

自动铅笔

3. 彩铅

彩色铅笔作为一种绘画表现工具，常与水彩、水粉、马克笔等绘画工具同时使用，使得画面更加细腻。彩铅有油性和水溶性之分，油性彩铅硬度一般比水溶性彩铅高，颜色不能调和。彩铅可以选择 48 色、72 色或者更多种类的色彩进行绘制，丰富画面。

常用品牌：辉柏嘉。

4. 针管笔、圆珠笔

针管笔和圆珠笔一般用于勾线，粗细型号多样。手绘表现以线条细腻为宜，所以推荐比较细的笔芯，0.5mm 以下为宜。但不同品牌的规格会有所不同，0.3mm 和 0.5mm 比较多见。当然，有时我们也需要用到极细的笔芯进行绘制，但不是所有的品牌有极细的型号，比如，日本美辉 0.03mm 的勾线笔。但要注意太细的笔芯画在颜料上容易堵塞。

常用品牌：美辉、斑马等。

彩铅

5. 勾线笔

勾线笔并不是越贵越好，画卡纸时要求笔尖硬度高，而且容易磨损，选用尼龙毛的勾线笔效果较好，比动物毛稍硬，而且弹性较好。

常用品牌：华虹。

针管笔

6. 纸张

珠宝首饰设计手绘中，纸张品种较多，有普通 A4 打印纸、卡纸。卡纸有白卡、黑卡、灰卡、彩色卡纸、牛皮纸等。因为画水粉、水彩水分比较多，所以卡纸厚点为宜，一般用 120g/m² 以上的。如果选用彩卡，建议选择深色系，如酒红色、藏蓝色、深褐色等。硫酸纸一般用于线稿的影拓，在后文会单独介绍其使用方法。画商业款一般用普通 A4 打印纸即可，设计师需要根据绘图需求选择合适的纸张。

卡纸

7. 水彩、水粉

水彩颜料主要有固体水彩和管式水彩两种，笔者用的较多的是固体水彩，固体水彩的设计便于携带。水彩主要通过颜色晕染和水分调和绘制，画出来效果会比较清透，晕染效果较好。而水粉颜料质地较为厚重，覆盖性较好。水粉和水彩都很适合在卡纸上作画，而且两者可以结合使用。

常用品牌：樱花、史明克、美捷乐、荷尔拜因。

硫酸纸

8. 高光颜料

高光颜料对于提升整体画面效果非常有用，一般用于画物体的高光、发光效果以及铺底使用，高光颜料覆盖性较好，可用于解决水彩的深浅色覆盖问题。

常用品牌：copic。

9. 其他工具

除了上面介绍的工具，橡皮、圆规、短尺等也会用到，吸水海绵、水桶，则主要配合颜料使用。在这里介绍一款较为实用的笔式橡皮，通过按压可以推出很小的橡皮，用来擦拭一些边角或图上比较隐蔽的位置，在珠宝手绘中比较实用。

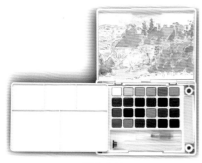

固体水彩

高光颜料

笔式橡皮

2.2 硫酸纸的用法

硫酸纸的工作原理是利用压力将铅笔芯的石墨印到纸上，常用于绘制对称图形，也可以把同样的图案进行"拷贝"，具体使用方法如下：

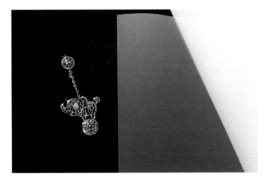

Step 01 准备好要复印的小象耳坠图和一张硫酸纸。

Step 02 将硫酸纸固定在图案上方，用自动铅笔把图案描下来。

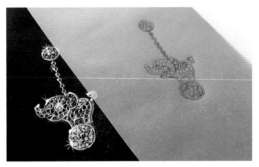

Step 03 绘制完成后将小象耳坠图和硫酸纸的线稿进行比对，调整细节。

Step 04 将硫酸纸翻转到背面，固定到要"拷贝"的卡纸上面，将图形描绘下来，绘制时可稍微用力。若"拷贝"的图案的铅笔印迹不清晰，可以用铅笔将图案勾勒一遍。

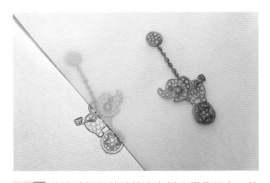

Step 05 将硫酸纸翻转继续在卡纸上描摹图案，绘制出"对称"的小象图案。

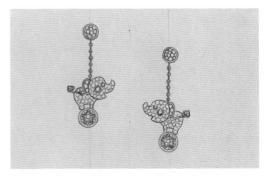

Step 06 一对对称款的小象耳坠图案绘制完成。

2.3 固体水彩的用法

颜料有水粉颜料和水彩颜料两种类别，水彩包括管式水彩和固体水彩。本书的上色绘制以使用固体水彩为主，固体水彩相较于管式水彩，收纳方便，易携带，不用另备调色盘，也不用担心颜料久置后不能使用的问题。

接下来介绍一下固体水彩的使用。

准备好固体颜料盒、纸、笔，绘制珠宝手绘图时，尼龙毛画笔和卡纸是不错的搭配。另外，还需要准备小水桶或水杯盛水，用来稀释颜料和清洗画笔。最后，准备一块吸水海绵或者毛巾，用来擦拭。

固体水彩、水桶（杯）、笔和吸水海绵（毛巾）

第一次使用固体水彩，可以用水稀释一下颜料，把颜料蘸出使用。如果笔头的水分蘸太多，可以用吸水海绵或者毛巾轻轻吸一下，但也不要吸得太干，否则会出现不好绘制的情况，如果不小心吸得太干了，可回到水杯里再蘸点水。绘制时可以配备一张废弃的小卡纸，来调试颜色。

在水杯中稀释颜料　　用吸水海绵轻吸下笔头水分　　用卡纸来调试颜色

勤洗笔保持画笔干净，每次调完一种颜色之后记得要洗笔，特别是画完深色准备绘制浅色与高光时，切记要先把笔洗干净。关于调色水分的把握，可以先在"试纸"上进行试调色，观察水分是否恰到好处，如左下图所示，这种情况就是水分过多，能明显看到水渍。水分过多，一方面让画面晾很久，等颜料干透后才能画下一步；另一方面，如用很细腻的线条勾勒结构时，过多的水分会将绘制的线条"溶"于一旦。

笔头水分太多

笔头水分较少

另外笔头也不要太干，如右上图所示。起稿铺色时注意不要用太干的颜色，首先，画面容易产生"颗粒"，其次，如果想把第一步的颜色涂满，也非常不容易，最后，勾线也勾不动，从而降低工作效率。所以，水分适当调和很重要，但这不是一蹴而就的，需要时间去实践、磨合、总结经验。

画画好难的样子，我不想画了。

你可以选择提前放弃或坚持到底只要别后悔就行。

2.4 色彩调和的方法

常见色彩调和解析

颜料色彩非常丰富，整体来说24色基本可以涵盖所有颜色的调和。

以樱花固体24色颜料盘为例，我将颜色的名称做了"俗称"的备注（详见右图），不同品牌的颜料，其颜色名称会不一样。为了方便接下来的讲解，建议大家记录一下这24色的"俗称"所对应的颜色，这样就算更换了不同品牌的颜料也不会无从下手了。

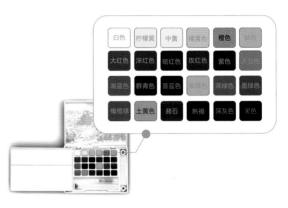

樱花固体24色颜料盒

1. 黄色的调和

常用于黄色宝石和黄色金属等材质的表现。黄色以柠檬黄为基础色。调亮：白色加柠檬黄；加深：黄色加赭石和熟褐（具体可根据颜色比例调出深浅程度）。

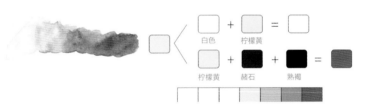

2. 红色的调和

常用于红色宝石（包括粉色宝石）和红色金属等材质的表现。红色以大红色为基础色。调亮：白色加大红色；加深：大红色加普蓝色（注意用其他蓝色调出来的红色容易偏离色系）。

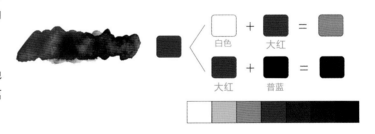

3. 绿色的调和

常用于绿色宝石等材质的表现。绿色以草绿色或者橄榄绿为基础色。调亮：白色加草绿色或橄榄绿；加深：草绿色加普蓝色（注意如果用其他蓝色调出来的绿色容易偏离色系）。

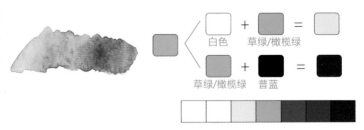

4. 蓝色的调和

常用于蓝色宝石等材质的表现。宝石品种不同，所选用的蓝色会有所不同，比如，海蓝宝以天蓝为基础色，坦桑石以群青为基础色等。调亮：白色加对应的基础蓝色；加深：基础蓝色加普蓝色（如果不够深可以加入少量黑色）。

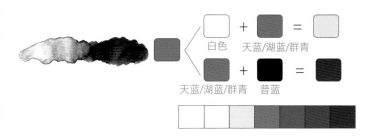

5. 肤色的调和

常用于玫瑰金或者类似颜色材质的表现。肤色以肤色为基础色。调亮：白色加肤色；加深：肤色加赭石和熟褐。（具体可根据颜色比例调出深浅程度。）

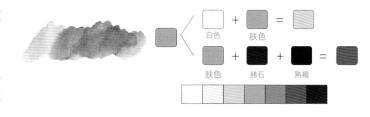

6. 灰色的调和

常用于白色宝石、白色金属和其他白色的材质：如陶瓷、玻璃等的表现。灰色以浅灰色为基础色。调亮：白色加浅灰色；加深：浅灰色加深灰色或黑色。（具体可根据颜色比例调出深浅程度。）

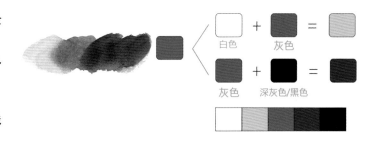

以上是我们在珠宝手绘中常用的颜色，大家可以记住以下调色小规律，在后文的上色中会用到。

（1）白色的物体或材质用灰色来表现；

（2）黄色系：黄色、橙色、肤色，调浅加白，加深用赭石和熟褐；

（3）黄色系除外的颜色：红色、蓝色、绿色、紫色等，调浅加白，加深加普蓝；

颜色的调和方法不是固定的，其他组合搭配也可以调出想要的颜色，以上是本人的经验总结，对于初步学习调色来说效果是立竿见影的，赶紧试试吧！

03

认识宝石、工艺
与结构绘制

3.1 认识宝石

宝石是岩石中最美丽而贵重的一类矿石。它们色彩瑰丽，质地晶莹，坚硬耐久，储量稀少，可琢磨、雕刻成首饰和工艺品（包括天然的、人工合成的和部分有机材料）。

通常说的五大宝石包括钻石、红宝石、蓝宝石、祖母绿、猫眼石。其他宝石包括：碧玺、坦桑石、尖晶石、沙弗莱石、石榴石、摩根石、海蓝宝、绿松石、青金石、托帕石、欧泊石、葡萄石、橄榄石、月光石、天河石、水晶、玛瑙、磷灰石、红纹石等。

从颜色上进行区分，常见的白色宝石有钻石、白水晶、无色蓝宝石、白玉等；常见的红色宝石有红宝石、尖晶石、石榴石、红碧玺、日长石等；常见的粉色宝石有碧玺、尖晶石、粉色托帕石、粉色蓝宝石、电气石、粉晶、摩根石等；常见的蓝色宝石有蓝宝石、蓝碧玺、蓝尖晶石、坦桑石、托帕石、海蓝宝石、磷灰石、青金石、帕拉伊巴碧玺、月光石等；常见的绿色宝石有祖母绿、绿碧玺、铬透辉石、橄榄石、翡翠、磷灰石、绿色蓝宝石、东陵石、葡萄石、绿玉髓等；常见的黄色宝石有黄水晶、黄色蓝宝石、黄钻等。

自古以来，有关宝石的神话和传说不胜枚举，有的宝石被认为具有特殊的疗效，还有的宝石被认为能带来好运。其中最具代表性的"诞辰石"之说认为，不同的宝石有不同的寓意，且不同的宝石与不同的月份有一定的关联。

一月榴子石：代表贞操、友爱、忠实。

二月紫水晶：象征诚实、心地平和。

三月海蓝宝石：象征沉着、勇敢、幸福和长寿。

四月钻石：象征贞洁与纯洁。

五月祖母绿：幸福之石，象征爱和生命，充满盎然生机的春天。

六月珍珠或月光石：象征富有、美满、幸福和高贵。

七月红宝石：象征热情、仁爱、尊严。

八月橄榄石：预示幸福与和谐。.

九月蓝宝石：象征忠诚、坚贞、慈爱和诚实。

十月碧玺或欧泊：象征幸运、希望和纯洁。

十一月蓝黄玉（托帕石）：象征友情和幸福。

十二月绿松石或锆石：象征胜利、好运、成功。

3.2 宝石切割工艺类别

　　为了使宝石的潜能最大化，将其色彩、形状、内部光泽、光学效应和形式都最优化，需要对宝石进行加工。在宝石的琢形中，素面宝石是很常见的，素面的打磨将宝石古朴素雅的美展露无遗。古时候，人们还会直接将这种未经雕琢的素面宝石打孔串成珠串佩戴来彰显地位和美态。后来，随着时代的发展，人们开始将宝石加工成刻面。

3.2.1 刻面宝石工艺

　　刻面宝石是指外形轮廓由若干个小平面围城的几何多面体的宝石。刻面形切割工艺对宝石的要求比较高，它不仅能体现宝石晶莹透明和棱角分明的外观美，更能展现宝石的光泽、亮度、色彩等美感，主要适用于透明的宝石原料。

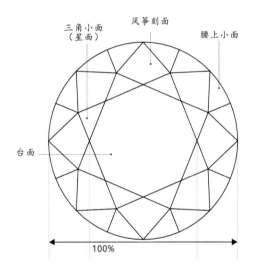

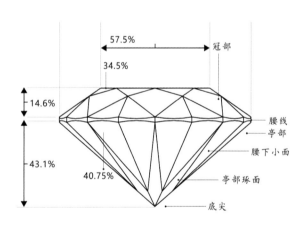

3.2.2 刻面宝石切割工艺种类

　　刻面宝石由冠部（顶部）和亭部（底部）组成，腰部是顶部和底部的分界。刻面切割工艺的种类较为丰富，根据其外观特点分为圆形、椭圆形、梨形/水滴形、枕形、心形、公主方形、祖母绿形、马眼形、长方形、三角形等。

    在表现珠宝创意时，设计师应对宝石切割方式和种类、主石和辅石的搭配，以及形态和镶嵌方式都进行深入了解，只有了解基本的特点，才能结合宝石去表现珠宝设计。

如果没有精湛的镶嵌工艺，珠宝则无法佩戴。为了让珠宝成为活灵活现的艺术品，上百年来一代代工匠们创造了许许多多珠宝镶嵌方法，镶嵌工艺是制作首饰的主要工艺，大部分金属在与宝石结合时，通常都是采用镶嵌工艺来呈现宝石的璀璨和美感的。

常见宝石镶嵌工艺

1. 包镶

包镶也称为包边镶，分为有边包镶和无边包镶，用金属边将宝石四周都圈住，让宝石腰部以下封在金属托或金属架上，贵重金属的稳定性可以防止宝石脱落。这种方法是镶嵌工艺中最为稳固的方法，但所需金属较多，且加工烦琐，制作成本比较高。

包镶

2. 爪镶

所谓爪镶，是用金属爪紧紧地扣住宝石，因为少了金属的遮挡，让宝石的切面看起来更清晰，光线从不同角度射入宝石并反射出来。爪镶分为六爪镶、四爪镶、三爪镶。这种工艺要求爪的大小一致、间隔均匀。弧面形、方形、梯形、随意形宝石和玉石的镶嵌多使用爪镶工艺。

爪镶

3. 钉镶

钉镶是直接在金属的边缘上用工具铲出小钉，然后将宝石固定在这些小钉上。这样在首饰表面上看不到固定宝石的金属爪，但紧密排列着的宝石却很牢地套在金属的榫槽内。因为没有金属的包围与遮挡，宝石反射光线效果也更好。

钉镶

4. 卡镶

卡镶是利用金属的张力，固定住宝石的腰部或者腰与底尖的部分的，这种工艺比爪镶更为进步，是一种非常时尚的镶嵌方式，是目前时尚工艺的代表之技，受时尚人士喜爱。

卡镶

5. 插镶

插镶工艺主要用于珍珠、琥珀等有机宝石，在碟形的金属"碗"中间，垂直伸出一根金属插针，以插入带孔的珍珠或琥珀中，使宝石固定。因为宝石没有任何遮挡，所以宝石的造型与光芒能够一览无余地进行展示。

插镶

6. 无边镶

无边镶又称"隐藏式镶嵌"，指的是饰品正面完全看不见任何金属支架或底座，所以也叫"不见金镶"。

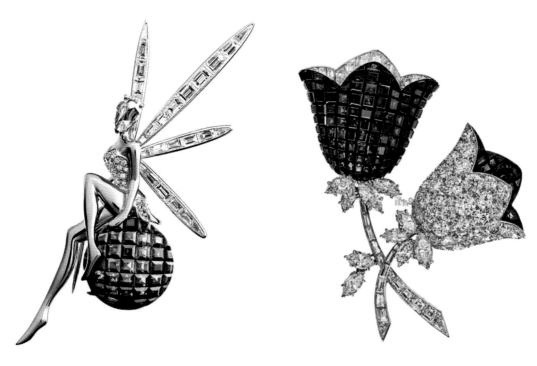

无边镶

1.设计：手绘设计团队根据客户要求和工厂设计专家的创意指导，绘制珠宝设计草图，再交给工艺精湛的珠宝师傅来完成他们的作品。

2.起板：利用手造方法制造出首饰样板，并在其适当位置焊上水口棒，保证浇铸时金属液体顺利灌入，作为浇铸用样板。有时也采用浮雕的技法，直接用雕蜡制造出首饰原形，称为起蜡板。

3.压模：用橡胶片把首饰样板夹在其中，将生胶片塞入一个预选的铝框中，并使被压制的样板填满碎胶片，利用热压机在橡胶中压制后，用手术刀按技术规则将胶片割开，取出首饰样板制成胶模。

4.倒模：先将蜡树固定在铸笼内，放在抽真空机上抽真空，取出后灌入铸笼，再经过蒸蜡，放入烘箱内进行石膏烘焙，制成石膏模。金属料及补口在熔金炉中加热，当合金完全熔化并搅匀后，把金水浇铸到真空机或离心铸造机的石膏中，冷却后就制成了首饰毛坯。

5.执模：执模是指对首饰毛坯进行精心修理的工序。

6.镶石：经执模后，通过与手造工艺相同的镶石、抛光、清洗、打字印，以及电金、喷砂等艺术处理，完成珠宝首饰加工的全过程。

7.抛光：抛光后的首饰表面光亮无比，给人以光彩夺目的美感。

8.电金：利用白金水（含"铑"元素）对首饰表面进行电镀，使首饰表面更白（白色）、更光亮。

9.品检。

抛光

镶石

3.5 宝石结构画法 》》》

接下来介绍不同切割形态的宝石结构画法。另外，在上色章节里，还会以不同形状、颜色和切割形态的宝石为例，讲解给宝石上色的绘制方法。

3.5.1 圆形刻面画法

圆形刻面画法简化版

Round Brilliant

以刻面相对少的画法来表示圆形切割：

步骤分解：

效果图

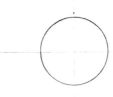

Step 01 用自动铅笔在纸上轻轻地画出十字形辅助线，并利用宝石模板在中间画出圆形。

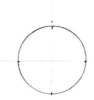

Step 02 点出圆形和十字形辅助线的交点，连接交点形成四边形。

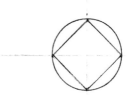

Step 03 此时圆形均等分为四段，然后连接每段中点，绘制正方形。

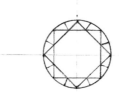

Step 04 此时圆形的弧线被分为八等份，连接上腰小面的中线。

Step 05 将圆形中心点和结构的交点相连，画出宝石底部刻面，并用圆珠笔把结构重新勾勒一遍，擦除铅笔线稿，完成绘制。

圆形刻面画法详解

Round Brilliant

圆形是最受欢迎、最经典的钻石切割形状，也叫明亮式切工。这是一种最普遍的切工和形状，也是钻石的黄金标准。

效果图

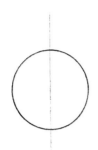

Step 01 用自动铅笔在纸上轻轻地画出中线，进行定位并用宝石模板画出圆形。

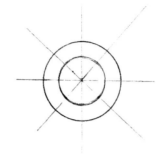

Step 02 在圆形内约 1/2 位置画缩小版的圆形，同时在中间轻轻地画出"米"字形辅助线，斜线倾斜约 45°。

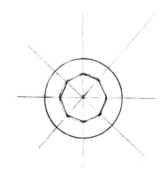

Step 03 画宝石台面：连接小圆形与"米"字形辅助线的交点，使其变成八边形。

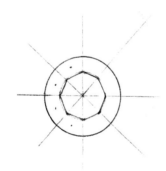

Step 04 在左边"米"字形辅助线所切割的四个区域中间内各取一个点。

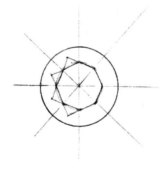

Step 05 绘制星面，四个点分别与台面上的交点相连，右边画法相同。

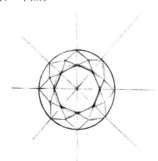

Step 06 将星面的尖部、"米"字形辅助线与外圆形成的交点相连，绘制风筝面。

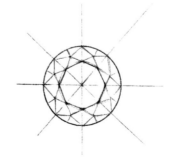

Step 07 连接腰上刻面的短线，绘制宝石刻面。

Step 08 保留底部刻面的线条，并用圆珠笔把结构重新勾勒一遍，擦除铅笔线稿，完成绘制。

3.5.2 椭圆形刻面画法

椭圆刻面画法简化版

Oval Cut

椭圆形的结构跟简略版圆形画法类似。

步骤分解：

效果图

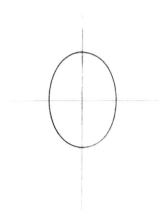

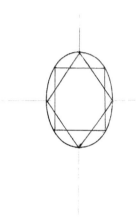

Step 01 用自动铅笔在纸上轻轻地画出十字形辅助线，然后用宝石模板在中间画出椭圆形。

Step 02 连接椭圆形和十字形辅助线的交点，绘制四边形。

Step 03 在四等分的弧线上找中点并连接，绘制长方形。

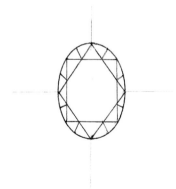

Step 04 将椭圆形的弧线分为八等份，连接上腰小面的中线。

Step 05 连接椭圆底部结构，用圆珠笔将结构重新勾勒一遍，擦除铅笔线稿，完成绘制。

椭圆刻面画法详解

Oval Cut

椭圆形切工是一款改进式的圆形切工，加长型设计带来了不同的视觉体验，因此在重量相同的情况下，椭圆形切工的宝石会比圆形切工的宝石显得更大。

步骤分解：

效果图

Step 01 用自动铅笔在纸上轻轻地画出中线定位并用宝石模板画出椭圆形。

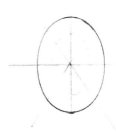

Step 02 在椭圆形内约 1/2 位置绘制缩小版的同心椭圆形，同时在中间画出"米"字形辅助线，斜线倾斜约 40°。

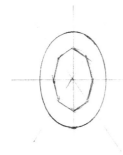

Step 03 绘制宝石台面，连接小椭圆与"米"字形辅助线的交点，绘制八边形。

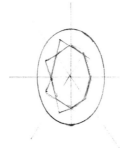

Step 04 绘制星面，在左边"米"字形辅助线所切割的四个区域中间，各取一个点进行连接，绘制三角刻面，右边画法相同。

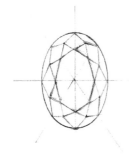

Step 05 将星面的尖部、"米"字形辅助线与外圆形成的交点相连，绘制风筝面。

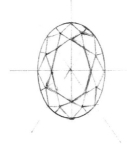

Step 06 连接腰上刻面的短线，绘制宝石刻面。

Step 07 保留宝石底部的刻面线条，用圆珠笔把宝石结构重新勾勒一遍，擦除铅笔线稿，完成绘制。

3.5.3 马眼形刻面画法

马眼形刻面画法简化版

Marquise Brilliant

马眼形简化版的结构画法和椭圆形的基本一致。

步骤分解：

效果图

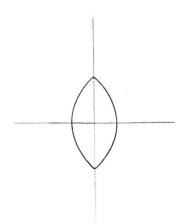

Step 01 在纸上轻轻地画出十字形辅助线，确定宝石的位置，然后用宝石模板在辅助线中间画出马眼形。

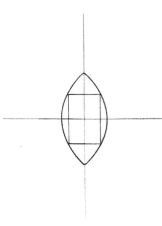

Step 02 在马眼形的轮廓上绘制长方形。

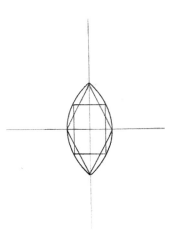

Step 03 连接十字形辅助线与马眼形的交点，绘制四边形。

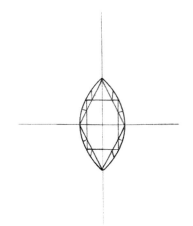

Step 04 连接八等份弧线的中点和刻面的交点，即上腰小面的中线。

Step 05 画出宝石底部刻面，并用圆珠笔把结构重新勾勒一遍，擦除铅笔线稿，完成绘制。

马眼形刻面画法详解

Marquise Brilliant

　　马眼形也叫榄尖形，相同重量的宝石，榄尖形切工比圆形切工显得更大。这种切割方式的宝石两端呈圆弧形，和椭圆形切工一样，榄尖形切工增强了宝石的视觉吸引力。

步骤分解：

效果图

Step 01 用自动铅笔在纸上轻轻地画出中线，然后用宝石模板画出马眼形。

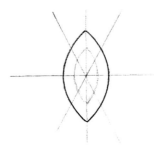

Step 02 在马眼形中间绘制"米"字形辅助线，斜线倾斜约40°，在约 1/2 的位置绘制缩小版的同心马眼形。

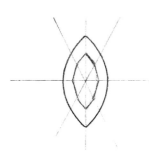

Step 03 绘制马眼形宝石的台面，连接小椭圆与"米"字形辅助线的交点，使其变成切割形态。

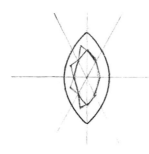

Step 04 绘制星面，在左边"米"字形辅助线所切割的四个区域中各取一个点，进行连接，绘制三角刻面，右边画法相同。

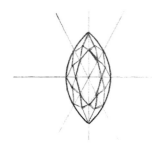

Step 05 将星面的尖角连接到"米"字形辅助线与外圆形成的交点，绘制风筝面。

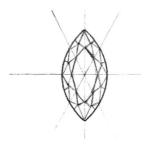

Step 06 连接腰上刻面的短线，绘制宝石刻面。

Step 07 保留宝石底部的刻面线条，用圆珠笔把结构重新勾勒一遍，擦除铅笔线稿，完成绘制。

3.5.4 梨形刻面画法

梨形刻面画法简化版

Pear Brilliant

步骤分解：

效果图

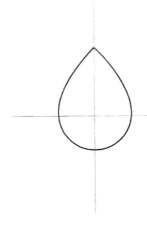

Step 01 用自动铅笔在纸上轻轻地画出十字形辅助，由于梨形（水滴形）的重心偏下，所以我们用宝石模板在辅助线偏上的位置画出梨形（水滴形）。

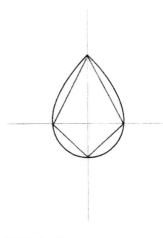

Step 02 连接十字形辅助线和梨形（水滴形）轮廓的交点，绘制四边形。

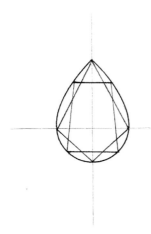

Step 03 在梨形（水滴形）轮廓上绘制长梯形。

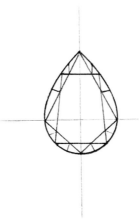

Step 04 连接梨形（水滴形）划分的每段弧线中点与刻面交点，即上腰小面的中线。

Step 05 画出底部结构，用圆珠笔把结构勾勒一遍，擦除铅笔线稿，完成绘制。

梨形刻面画法详解

Pear Cut

梨形（水滴形）切割钻石上方呈尖状、下端圆形，被称为泪滴形。梨形切工综合了椭圆形切工和榄尖形切工的特点，拥有加长形和不对称性的视觉美感。

步骤分解：

效果图

Step 01 用自动铅笔在纸上轻轻地画出中线定位，并用宝石模板画出梨形（水滴形）。

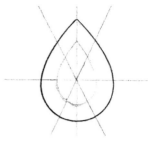

Step 02 在梨形（水滴形）中间轻轻画"米"字形辅助线，注意辅助线画在中间稍微偏下的位置，斜线倾斜约20°，并在1/2的位置画出缩小版的同心梨形（水滴形）。

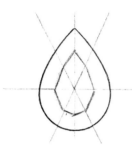

Step 03 绘制梨形（水滴形）宝石的台面，连接小梨形（水滴形）与"米"字形辅助线的交点，绘制切割的形态。

Step 04 绘制星面，在左边"米"字形辅助线所切割的四个区域中各取一个点与台面上的交点相连，绘制三角刻面，右边画法相同。

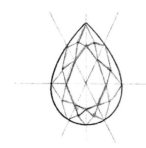

Step 05 将星面的尖部、"米"字形辅助线与外圆形成的交点相连，绘制风筝面。

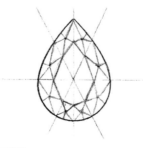

Step 06 连接腰上刻面的短线，绘制宝石刻面。

Step 07 保留底部刻面的线条，用圆珠笔把结构重新勾勒一遍，擦除铅笔线稿，完成绘制。

3.5.5 心形刻面画法

心形刻面画法简化版

Heart Brilliant

步骤分解：

效果图

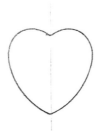

Step 01 用自动铅笔在纸上轻轻地画出中线，然后用宝石模板绘制心形。

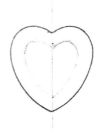

Step 02 在心形内部约 1/2 的位置绘制缩小版的同心心形。

Step 03 绘制心形宝石的台面，左边将缩小版的心形弧线用直线画出四段，用同样的方法画出右边，形成切割形台面。

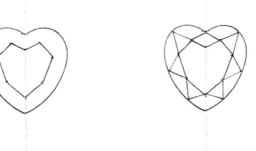

Step 04 将心形台面的点与外轮廓相连，形成近似等腰三角形的刻面。

Step 05 连接上腰小面的中线。

Step 06 画出底部刻面，用圆珠笔将结构勾勒一遍，擦除铅笔线稿，完成绘制。

心形刻面结构画法详解

Heart Brilliant

心形是爱情的象征，心形钻石也被认为是最浪漫的钻石切割形状，独一无二的造型，使心形钻石成为许多钻石首饰的选择。

步骤分解：

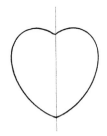

效果图

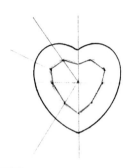

Step 01 用自动铅笔在纸上轻轻画出中线，然后用宝石模板画出心形。

Step 02 在心形中间约 1/2 位置绘制缩小版的同心心形。

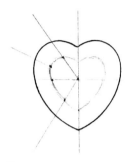

Step 03 在心形中间取一点，逆时针方向分别约 30°、55°、90° 和 140° 绘制倾斜的辅助线。

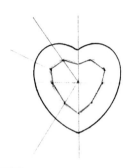

Step 04 绘制台面：连接小心形与辅助线之间的交点，依次画出对称的切割线。

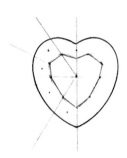

Step 05 在左边的辅助线所切割形成的五个区域内，依次取点。

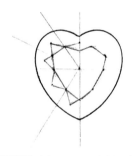

Step 06 绘制星面，绘制三角刻面，右边画法相同。

Step 07 将三角刻面的尖部和大心形轮廓相连，绘制风筝面。

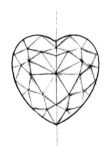

Step 08 连接腰上刻面的小短线，绘制台面中间的底部刻面。

Step 09 用圆珠笔把结构重新勾勒一遍，擦除铅笔线稿，完成绘制。

3.5.6 祖母绿刻面画法

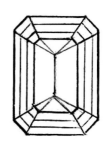

效果图

祖母绿刻面画法详解

Emerald Cut

祖母绿切工是拥有切割角度的一种矩形，是一种比较古老的切割方式，因为它是同轴心的，宽平的表面就像楼梯的阶梯。

步骤分解：

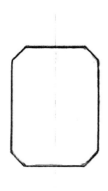

Step 01 用自动铅笔在纸上轻轻地画出中线，然后用宝石模板画出祖母绿。

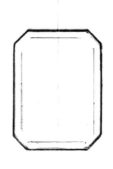

Step 02 在轮廓内部沿着祖母绿四条边线往内画平行线，保持各线间隔相同。

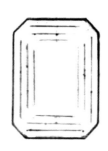

Step 03 继续往中心位置连续两次平移，绘制四条边线，注意三次平移均为等距。

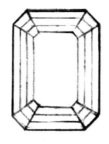

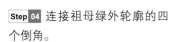

Step 04 连接祖母绿外轮廓的四个倒角。

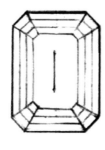

Step 05 将祖母绿的中线平分三段，并选取中间一段用实线连接。

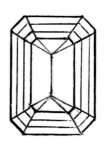

Step 06 将短线上下两头和四边倒角相连，用圆珠笔重新把结构勾勒一遍，擦除铅笔线稿，完成绘制。

3.5.7 枕形刻面画法

枕形刻面画法详解

Cushion Brilliant

枕形切工又称"垫形切工"，比起其他切面更多的形状钻石，枕形钻石具有颜色加聚功能。

步骤分解：

效果图

Step 01 用自动铅笔在纸上轻轻地画出中线，然后用宝石模板画出枕形轮廓。

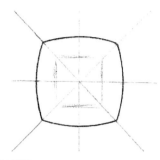

Step 02 在枕形中间轻轻画出十字形辅助线，并在枕形中间约1/2的位置轻轻绘制小正方形。

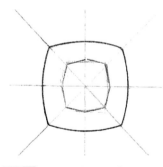

Step 03 将小正方形转换成八边形，然后切割台面造型。

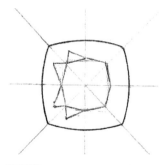

Step 04 绘制星面，在左边"米"字形辅助线所切割的四个区域中各取一点，连接到台面，绘制三角形刻面，右边画法相同。

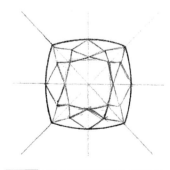

Step 05 将三角形刻面的尖部分别与外轮廓的交点相连，绘制风筝面。

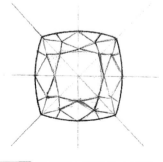

Step 06 连接腰上三角的小短线，绘制宝石刻面。

Step 07 用圆珠笔把结构重新勾勒一遍，擦除铅笔线稿，完成绘制。

3.5.8 公主方刻面画法

公主方刻面画法详解

Princess Cut

公主方形钻石切割工艺，拥有独特的切工形状，是一种新型的切割方式，让它成为结婚钻戒的热门之选。

步骤分解：

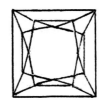

效果图

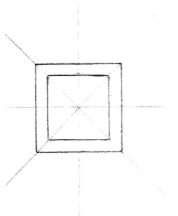

Step 01 用自动铅笔在纸上轻轻地画出正方形，并在中间轻轻地画出"米"字形辅助线，然后在正方形里面约 2/3 的位置画缩小版的同心正方形。

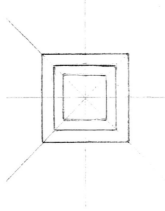

Step 02 继续在大正方形里面约 1/2 位置绘制同心小正方形。

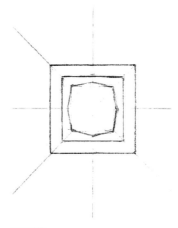

Step 03 绘制台面，将最小的正方形绘制成八边形。

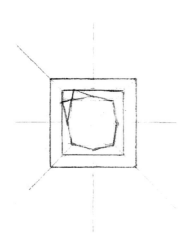

Step 04 将台面八边的角与稍大的正方形轮廓相连，形成小桌面造型。

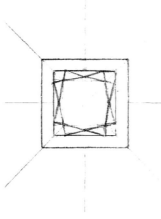

Step 05 将小桌面的尖角分别与大正方形四个角相连。

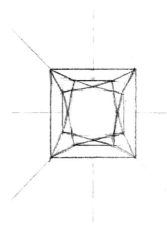

Step 06 用圆珠笔将结构重新勾勒一遍，擦除铅笔线稿，完成绘制。

3.5.9 狭长方形刻面画法

狭长方形结构画法

Baguette Cut

狭长方形切割类似于祖母绿切割的"简化版",形状更为细长。

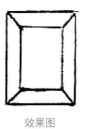

效果图

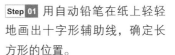

Step 01 用自动铅笔在纸上轻轻地画出十字形辅助线,确定长方形的位置。

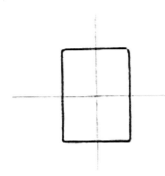

Step 02 用宝石模板在辅助线中间绘制长方形。

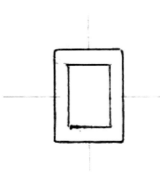

Step 03 在长方形里面约 1/2 位置绘制缩小版的同心长方形,然后画出台面。

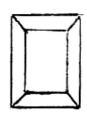

Step 04 台面四个点和外轮廓四点相连,用圆珠笔把结构重新勾勒一遍,擦除铅笔线稿,完成绘制。

3.6 宝石刻面画法总结

关于宝石刻面的画法,答案是比较开放的,可以选择比"简化版"还要简化的画法,也可以选择更加完整的画法,没有统一的标准。在商业手绘中,不能要求不同大小的尺寸宝石都一一精准地按照切割的比例去表现,在成品的绘制中,只要能表现出宝石的效果,其实不用特别研究宝石绘制的精准性。辅助线画得太多也会适得其反,我的方法是辅助线能少则少,对于角度的把握,可以通过量角器或者目测来完成,其实也是大致对刻面结构的概括表达即可。从绘图"效率"上讲,起稿的时候可以先徒手(不借助尺子,宝石模板)画一些短线,比例基本正确了再用尺子描摹一遍;在实际的商业手绘中,刻面的画法还可以多种多样,但要想宝石看起来"切工"好,画的时候结构"对称""严谨"就非常关键。

PART ▸▸

04

宝石手绘
效果图技法

4.1.1 明暗关系

明暗素描是素描的一种，是以明暗色调为主要表现方法的素描形式。在珠宝绘制上色之前，了解一下基本的光影、明暗关系是非常有必要的。在绘画中，适当地通过光影来表现物体的明暗，有助于增强画面的立体感。

在实际操作之前，先了解一下为什么在表现明暗时要加入光和影。学过美术的同学应该知道，在练习一些静物或者人物写生时，美术老师会在旁边打一个灯，有了光之后，物体会变得轮廓分明，呈现出很明显的立体感。对于没有绘画经验的同学来说，面对一个静物，心里会迷茫，不知道从何下手，有了光源后的物体，有明的一面，也有暗的一面，这时大家就会觉得："太好了，这样就好理解，也方便绘制了，亮面画浅一点，暗面可以大胆去加深，立体效果不就出来了。"

实际上，画珠宝首饰，最基本的就是要表现它的立体感，之后再去追求画面感。所以设定光源，让物体呈现出明暗关系，也是为了突出它的存在感与立体感。

4.1.2 光影效果

设定光影效果其实也是很人为的做法，我们来看几个球体的光影示例。

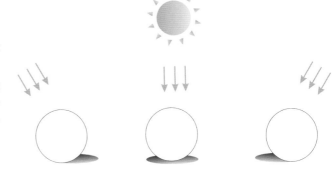

用一个球体举例，如箭头所示是光的指向，左边的光从左上角打过来，对应右下角是投影的位置；中间的光从上面打过来，投影对应在下面；右边的光从右上角打过来，投影在左下角；不难发现，其实"光"和"影"是对立的关系。

下面，我们来看图形物体的光影示例。

把下图中的圆形看成是一个有厚度的圆形片状物体，箭头所指的是光源的位置，观察发现和光相对的位置就是影的位置。图中间的圆，由于光来自四面八方，所以它的影子也被光所消弭了，影子就不存在了。

最后，再来看看镂空图形的情况：

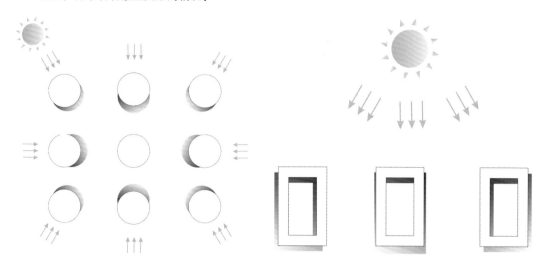

根据光照的位置，投影出现在相对的方向：右上的光源，投影在左下；上方的光源，投影在下面；左上的光源，投影在右下。观察这个中空的方形，它的影子也是中空的方形。在珠宝手绘中，如果需要画一些镂空的图形，绘制投影时要注意主要细节是否绘制明确。

4.1.3　宝石的明暗绘制

接下来讲一下宝石的明暗。物体有了明暗才会显得立体，所以在宝石上色之前，我们也要先了解宝石的明暗素描关系，为后续的上色打基础。我们先以刻面宝石为例进行学习，如右图所示。

前文对宝石的介绍中讲过刻面宝石的结构。刻面宝石的明暗会随着光源的不同而产生明暗变化，根据一般的绘画习惯，常把光源设置在左上角，所以可以看到，在给刻面宝石上色时，要把握好左上亮，右下暗，底部结构反之的原理来塑造宝石的立体感。

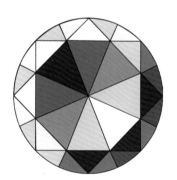

刻面宝石明暗素描关系

步骤分解：

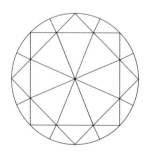

Step 01 绘制宝石结构。

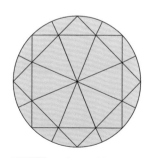

Step 02 平铺宝石基本色。

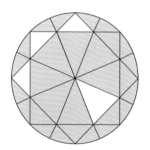

Step 03 根据"左上右下"原理，将左上角归纳出三个最亮的面，然后，在中间底部对应刻面中找出右下角的反光亮面。

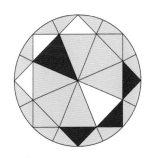 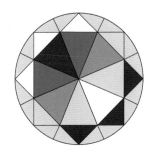 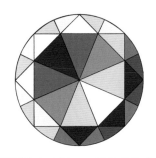

Step 04 有亮面就会有暗面，在相对的区域归纳出几个最暗面。

Step 05 中间底部结构中呈现出，从左上至右下逐渐变亮的渐变关系。

Step 06 左上刻面区域整体偏亮，右下刻面区域偏暗，宝石的立体感就被塑造出来了。

其实，绘制刻面宝石时，不是所有刻面都要表现出明暗效果，如底部结构，在绘制可以选择忽略。

相对刻画宝石，素面宝石的明暗表达就简单很多。对于不透明的宝石来说，一般根据弧面的形状，将鼓起来的区域作为亮部，整体也是左上亮、右下暗的关系。如果是透明的素面宝石，一般会将明暗颠倒过来进行处理。

忽略底部结构，直接用台面实现明暗

不透明的素面宝石明暗关系

宝石明暗整体是左上亮，右下暗的关系，因为要体现宝石的通透感，要把处于亮部区域的画成深色，右下区域画反光。在后期绘制高光时，白色的高光会和底色形成强烈反差，以此体现透明感与光泽感。

通过光影关系的讲解，大家在体现明暗效果时可以有所借鉴。同时，可以选取自己比较喜欢的方式作为实践练习。对于初学者来讲，先掌握明暗关系还是比较有益的。例如，我个人就比较喜欢左上亮、右下暗的这种关系。在下文的示范中也基本以此作为明暗原理，结合宝石刻面，延伸出对应刻面的明暗关系来表现宝石的立体效果。

掌握"光影关系"对塑造宝石的立体形态非常重要。当然，当你熟练以后，还可以结合宝石的特点，灵活地处理光影关系，体现立体感不一定单纯地局限在"左上右下"这一种原理上。

4.2 素面宝石效果图绘制

4.2.1 月光石

月光石画法

月光石通常是无色至白色的，也可呈浅黄、橙至淡褐、蓝灰或绿色，透明或半透明状，具有月光效应。月光石静谧而朴素，透明的宝石上闪耀着蓝色的光芒，令人联想到皎洁的月色。

效果图

工　　具：自动铅笔、宝石模板、水粉/水彩颜料、 画笔勾线笔、高光白颜料	使用颜色：

步骤分解：

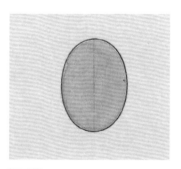

Step 01 用自动铅笔和宝石模板在卡纸上画出月光石的形状，用白色加天蓝色调出浅蓝色平铺底色。

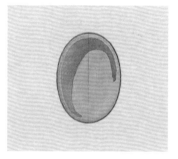

Step 02 用蓝色加少许普蓝色，调出深一度的蓝色，在左上角区域顺着椭圆的弧度概括出暗部形状。

Step 03 用白色加黄色调出浅黄色，画出右下角的反光，并勾勒宝石外轮廓。

Step 04 从左上角至右下角绘制蓝色到黄色的渐变，使蓝色和黄色自然衔接。

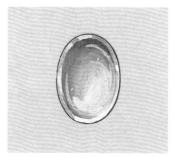

Step 05 调和白色加浅蓝色，在宝石右下角进行叠加上色，加强通透感。

Step 06 用白色画出高光和反光，完成绘制。

4.2.2 白玉

白玉画法

白玉呈脂白色，可稍泛淡青色、乳黄色。和田白玉中质地细腻、温润如羊脂的品种，被称为羊脂玉。羊脂玉属于白玉中的优质品种。

效果图

工 具： 自动铅笔、宝石模板、水粉/水彩颜料、画笔勾线笔、高光白颜料	使用颜色： ▇

步骤分解：

Step 01 用宝石模板在卡纸上画出白玉外轮廓，用白色加深灰色调和出浅灰色平铺底色。

Step 02 根据白玉的形状，在左上角用高光白颜料绘制亮部。

Step 03 沿着椭圆的形状，在亮部周围加灰色进行调和绘制出灰色色阶。

Step 04 调整灰色的过渡，使其从浅到深变化。

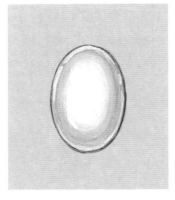

Step 05 重复绘制几次灰色的渐变，目的是要体现白玉细腻的质感，然后在边缘位置用白色勾勒反光，最后用白色画出高光，完成绘制。

白玉颜色比较单一，基本就是从白色到灰色的渐变，由于考虑到白玉质感温润，暗部颜色不能画太深哦！

星光蓝宝石

星光蓝宝石画法

星光蓝宝石也称星彩蓝宝石，多呈不透明至半透明状。星光蓝宝石就像蓝天一样清亮透明，被誉为蓝宝石中的极品。

工　　具：自动铅笔、宝石模板、水粉/水彩颜料、画笔勾线笔、高光白颜料	使用颜色： 

效果图

Step 01 在卡纸上画出宝石的形状，调和湖蓝色和群青色，平铺底色。

Step 02 在左上角用蓝色加少许黑色调出深蓝色，顺着椭圆的弧度画出暗部。

Step 03 逐步用群青色调和，顺着椭圆的形态进行绘制，使左上角至右下角的颜色由深到浅渐变。

Step 04 调整渐变的蓝色，使颜色自然衔接。

Step 05 调和天蓝色和湖蓝色，在宝石右下角沿椭圆的弧度画出反光。

Step 06 在左上角沿着宝石的弧度，用高光白色调和少许浅蓝色，画出星光，完成绘制。

4.2.4 星光红宝石

星光红宝石画法

星光红宝石是具有星光效果的红宝石，通常为不透明或微透明状。在红宝石当中，鸽血红宝石尤其受到人们的珍爱。

效果图

工　　具：自动铅笔、宝石模板、水粉/水彩颜料、画笔勾线笔、高光白颜料	使用颜色：

步骤分解：

Step 01 用自动铅笔和宝石模板在卡纸上画出红宝石的形状，调和玫红色和红色，平铺底色。

Step 02 在宝石左上角，用暗红色加普蓝色调和出深红色，然后顺着椭圆的弧度绘制暗部。

Step 03 调和玫红色，然后顺着椭圆的形状，从左上往右下，从深到浅进行渐变。

Step 04 调整渐变的颜色，使深色和浅色融合，自然衔接。

Step 05 调和玫红色加白色，顺着椭圆的弧度在右下角画出反光，并勾勒红宝石轮廓。

Step 06 最后用白色加少许玫红色，沿着红宝石的弧度在左上角绘制星光表现宝石质感，完成绘制。

4.2.5 青金石

青金石画法

青金石在中国古代称为璆琳、金精、瑾瑜、青黛等。青金石色相如天，为玻璃至油脂光泽，通常为集合体产出，呈致密块状、粒状结构，颜色为深蓝色、紫蓝色、天蓝色、绿蓝色等。青金石还是天然蓝色颜料的主要原料。

效果图

工 具：自动铅笔、宝石模板、水粉/水彩颜料、画笔勾线笔、高光白颜料	使用颜色：

步骤分解：

Step 01 用自动铅笔和宝石模板在卡纸上画出青金石形状，用群青色和普蓝色调和出深蓝色，平铺底色。

Step 02 用天蓝色和群青色调和出稍亮的蓝色，在左上角绘制亮部。

Step 03 调整蓝色，顺着椭圆形的弧度绘制渐变，塑造立体形态的素面宝石。

Step 04 用黄色和黑色点出金星，注意不要点得太平均，要有疏密变化。

Step 05 用高光白颜料加少许天蓝色，在青金石左上角画出高光形状，调整画面，完成绘制。

画彩石和白玉除了颜色不一样，步骤基本类似，就是反复调整渐变的自然过渡。

4.2.6 葡萄石

葡萄石画法

葡萄石是一种硅酸盐矿物，呈透明或半透明状，颜色介于浅绿色到灰色，还有白、黄、红等颜色，绿色常见，黄色最珍贵。质量好的葡萄石可作宝石，被人们称为"好望角祖母绿"，素有"幸运宝石"的美誉。

效果图

工 具：自动铅笔、宝石模板、水粉/水彩颜料、画笔勾线笔、高光白颜料	使用颜色：

步骤分解：

Step 01 用自动铅笔和宝石模板在卡纸上画出葡萄石的形状，用黄色加草绿色调和出绿色，平铺底色。

Step 02 在葡萄石左上角用绿色加橄榄绿色调和出深绿色，顺着椭圆的弧度画出暗部。

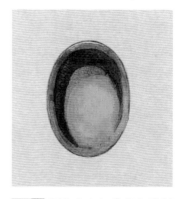

Step 03 调和黄色加草绿色绘制葡萄石亮部区域。

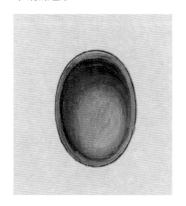

Step 04 调整渐变的颜色，使绿色自然过渡。

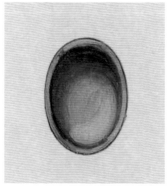

Step 05 用浅黄色和绿色调和出浅绿色，在右下角顺着椭圆的弧度画出反光，并用浅绿勾勒葡萄石的轮廓。

Step 06 用白色绘制高光和反光，调整画面，完成绘制。

4.2.7 蜜蜡

蜜蜡画法

蜜蜡是琥珀的一种，呈不透明或半不透明状，质地脂润，色彩缤纷。蜜蜡的颜色有蛋清色、米色、浅黄色、鸡油黄、橘黄色等以黄色系为主的颜色。

效果图

工　　具：自动铅笔、宝石模板、水粉/水彩颜料、画笔勾线笔、高光白颜料	使用颜色：

步骤分解：

Step 01 用宝石模板在卡纸上画出蜜蜡形状，调和柠檬黄和中黄色，然后平铺底色。

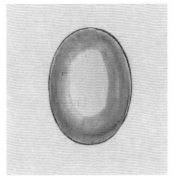

Step 02 根据蜜蜡的立体特点，将左上角作为亮部留出。用黄色加橙色和少许赭石色调和，顺着椭圆的形状进行加深。

Step 03 调整深色和中间的黄色渐变，使其自然过渡。沿着宝石弧度将右下角的颜色适当加深，塑造蜜蜡的基本立体感。

Step 04 用黄色加入适量赭石和熟褐色，在蜜蜡中间用厚涂颜料的方式，画出内部纹理，使其看上去有堆积感。

Step 05 调整画面效果，在宝石右下角的暗部加入绿色，让宝石整体看上去颜色较丰富，最后绘制高光。

4.2.8　猫眼石

猫眼石画法

猫眼石是具有猫眼效果的金绿宝石，猫眼石表现出的光现象与猫的眼睛一样，灵活明亮，能够随着光线的强弱而变化，这种光学效应，称为"猫眼效应"。

效果图

工　　具：自动铅笔、宝石模板、水粉/水彩 颜料、画笔勾线笔、高光白颜料	使用颜色：

步骤分解：

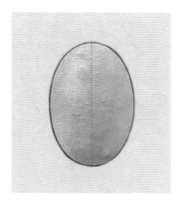

Step 01 用宝石模板在卡纸上画出猫眼石形状，调和柠檬黄和土黄色，平铺底色。

Step 02 预留一道弧线作为"猫眼闪光"的位置，其他地方用黄色、赭石和熟褐色调和出深黄色，进一步加深暗色区域。

Step 03 调整黄色的深浅变化，中间的弧度用黄色调亮，在猫眼石右下角用黄色沿着椭圆形弧度画出反光。

Step 04 用白色加黄色调和出浅黄色，在弧线上画出宽窄变化的"猫眼"效果。

Step 05 用白色加黄色调和出浅黄色，画出几道反光，使其呈半透明质感，最后用高光白颜料点出高光。

4.2.9 黑玛瑙

黑玛瑙画法

自古以来黑玛瑙就是被人们广泛应用的玉料，一般呈透明到不透明状，其最大的艺术特色是具有同心环带状、层纹状、波纹状、草枝状等各种形态的纹样，且花纹颜色也十分丰富。

效果图

工　　　具：自动铅笔、水粉/水彩颜料、画笔 　　　　　　勾线笔、高光白颜料	使用颜色： ■

步骤分解：

Step 01 用宝石模板在卡纸上画出黑玛瑙形状，并用黑色给黑玛瑙平铺底色。

Step 02 在椭圆的边缘，用深灰色画出黑玛瑙反光的形状。

Step 03 用白色加灰色调和出稍浅的灰色，继续叠加，注意不要完全覆盖之前画的反光部分。

Step 04 在黑玛瑙左上角继续用浅灰色进一步塑造反光的层次。

Step 05 用高光白颜料画出高光形状，完成绘制。

画纯黑色的玛瑙，上色相对比较单一，可以通过细节上的浅色叠加使其富有立体感和光泽感。

4.2.10 绿松石

绿松石画法

绿松石，又称"松石"，因其"形似松球，色近松绿"而得名。绿松石质地细腻、柔和，硬度适中，色彩娇媚，但因其所含元素的不同，颜色也有差异，其色泽有深有浅，含浅色条纹、斑点及褐黑色的铁线。

工　　具：自动铅笔、宝石模板、水粉/水彩颜料、画笔勾线笔、高光白颜料	使用颜色：

效果图

步骤分解：

Step 01 用宝石模板在卡纸上画出绿松石形状，用天蓝色和湖蓝色调和，平铺底色。

Step 02 调和白色加蓝色，概括地绘制出亮部区域，并在对立的右下侧面画出边缘反光。

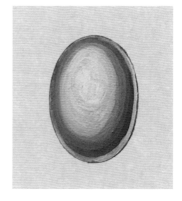

Step 03 用干净、湿润的笔，晕开白色亮部区域。从亮部开始，不断加天蓝色调和，将浅蓝色和暗部进行过渡，呈现自然过渡效果。

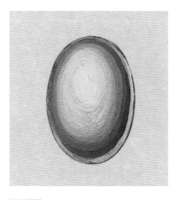

Step 04 继续调整蓝色渐变的过渡，注意蓝色间的颜色自然衔接。

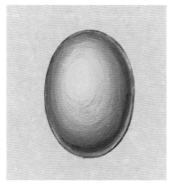

Step 05 将渐变处理到细腻自然的状态，细化调整渐变层次，以体现绿松表面光滑的质感。

4.2.11 翡翠

翡翠画法

翡翠，也称翡翠玉、翠玉、硬玉、缅甸玉，是玉的一种。其颜色丰富多彩，质地细腻，透明度从半透明至不透明，极少有透明的。

效果图

工　　具：自动铅笔、宝石模板、水粉／水彩颜料、画笔勾线笔、高光白颜料	使用颜色：

步骤分解：

Step 01 用宝石模板在卡纸上画出翡翠的形状，调和草绿色和深绿色，平铺底色。

Step 02 在宝石左上角区域，用墨绿色顺着椭圆的弧度画出暗部形状。

Step 03 在暗部深绿色的基础上增加草绿色调和，往右下角方向由深到浅画出渐变效果。

Step 04 用干净、湿润的笔晕开上一步绘制的部分，调整渐变的颜色，使得绿色自然过渡。

Step 05 在翡翠右下角亮部区域，用浅绿色加少量黄色调和，顺着椭圆的弧度画出反光，并用浅绿色勾勒翡翠轮廓。

Step 06 在左上角用高光白颜料画出高光形状，完成绘制。

　　画翡翠关键是画颜色的自然过渡，以体现其温润的质感，左上角作为暗部，和最后的高光形成强烈的对比，可以突出翡翠的通透感。

4.2.12 孔雀石

孔雀石画法

孔雀石由于其颜色酷似孔雀羽毛上的绿色斑点而得名。孔雀石的色彩呈绿、孔雀绿、暗绿色等，常有纹带，丝绢光泽或玻璃光泽，呈透明至不透明状。

效果图

工　具：自动铅笔、宝石模板、水粉 / 水彩颜料、画笔勾线笔、高光白颜料	使用颜色：

步骤分解：

Step 01 用宝石模板在卡纸上画出孔雀石形状，用深绿色给孔雀石平铺底色。

Step 02 用草绿色加少许白色调和出浅绿色，绘制孔雀石纹理。

Step 03 用墨绿色和普蓝色调和出较深的颜色，沿着上一步画的浅绿色绘制深色纹理。

Step 04 继续用深、浅不同的绿色，反复勾勒纹理的形态，塑造孔雀石质感。

Step 05 将纹理边缘的颜色加深，并将右下角颜色调暗。

Step 06 在左上角用高光白色调和少许绿色，画出高光形状，完成绘制。

　　画有图案和纹理的宝石时要注意，过多的线条容易导致画面扁平，所以在画纹理时要顺着宝石的形状增加深浅变化，使花纹融入形状。

4.2.13 白欧泊

白欧泊画法

白欧泊泛指体色呈白色（无色）或浅色、透明到微透明、有变彩或有特殊闪光效果的贵蛋白石。外观上，白欧泊以肉色为主，也可呈浅灰色、淡黄色、淡蓝灰色或淡蓝色，有类似彩虹现象。

效果图

工　　具：自动铅笔、宝石模板、水粉／水彩 颜料、画笔勾线笔、高光白颜料	使用颜色：

步骤分解：

Step 01 用自动铅笔和宝石模板在卡纸上画出欧泊形状，绘制白欧泊变彩的颜色。涉及的颜色比较丰富，需要调出浅蓝、浅红、紫色、肤色等颜色。

Step 02 在空白处把欧泊出现彩虹现象的颜色基本涂满，边缘的颜色适当调灰一点。

欧泊涉及的颜色非常丰富，颜色分布也毫无规律，绘制难点在于根据实物不同的颜色调出彩色。

Step 03 根据实物的颜色，在彩色底色的基础上继续添加颜色，加强色彩饱和度，就像画油画一样叠加丰富的颜色，塑造欧泊的质感。

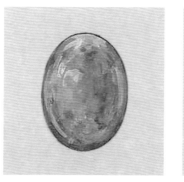

Step 04 调整画面，绘制高光和反光。

4.2.14 黑欧泊

黑欧泊画法

黑欧泊泛指体色呈黑色或灰色并有变彩效果，在深色的胚体色调上呈现出明亮色的有彩蛋白石。

效果图

工　　具：自动铅笔、宝石模板、水粉/水彩颜料、画笔勾线笔、高光白颜料

使用颜色：

步骤分解：

Step 01 用自动铅笔和宝石模板在卡纸上画出黑欧泊的形状，概括黑欧泊变彩的颜色，用天蓝色、湖蓝色和普蓝色调出深浅不一的蓝色，然后用色块表现出来。

Step 02 在空白的区域继续用黄色、绿色等绘制出黑欧泊的彩虹现象。

Step 03 继续丰富黑欧泊的色彩，根据色彩分布继续叠加不同的颜色，体现彩色变化，塑造其质感。

Step 04 最后用高光白颜料在黑欧泊左上角画出高光形状，完成绘制。

4.3 刻面宝石效果图绘制

4.3.1 钻石

钻石画法

钻石是所有已知的天然宝石里硬度最大的宝石，其颜色丰富，从无色到黑色都有，呈透明、半透明或不透明状。钻石以其闪耀、透明、明亮而著称。

工　　具：自动铅笔、宝石模板、水粉/水彩颜料、画笔勾线笔、高光白颜料	使用颜色：　■

效果图

步骤分解：

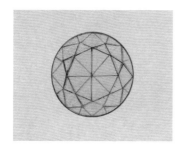

Step 01 用自动铅笔和宝石模板在卡纸上画出钻石的轮廓，以及完整的刻面结构，然后平铺较薄的灰色。

Step 02 用小号勾线笔蘸高光白颜料，仔细勾勒钻石结构与切割线。

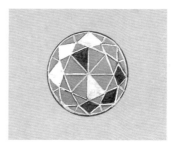

Step 03 绘制钻石左上角最亮的三个面和右下角最暗的三个面，亮面用白色或白色加灰色进行填充，暗部用深灰色填充。

Step 04 绘制台面中间的底部刻面，从左上角到右下角用深灰色至浅灰画出渐变效果（在深灰色的基础上逐面加白色）。

Step 05 调整其他面的颜色，左上角偏深，右下角偏浅，和原来的明暗面形成强烈对比。

Step 06 用干净的勾线笔蘸白色高光颜料勾勒钻石结构，完成绘制。

4.3.2 公主方钻

公主方钻画法

公主方钻是钻石众多切割形状之一，属于花式切割，其特点是外观呈四面等边、棱角对称的立方体，属于异形钻石。

效果图

工　　具：自动铅笔、宝石模板、水粉/水彩 　　　　　颜料、画笔勾线笔、高光白颜料	使用颜色： ■

步骤分解：

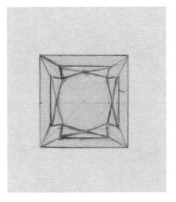

Step 01 用自动铅笔起稿，用宝石模板在卡纸上画出公主方钻结构，并平铺较薄的灰色。

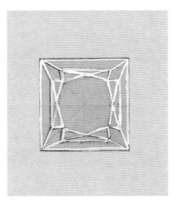

Step 02 用干净的勾线笔蘸高光白颜料，勾勒公主方钻的结构与切割线。

Step 03 画出整体的明暗关系，左上角比较亮，可在灰色的基础上调和白色进行绘制。右下角比较暗，调和灰色加深灰绘制。中间台面从左上角至右下角，颜色从深到浅渐变。

Step 04 公主方钻的整体左上区域偏亮，右下区域偏暗，使其形成强烈对比。

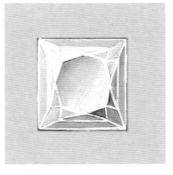

Step 05 调整画面效果，让整体颜色更亮，使公主方钻的光泽感更强。

Step 06 用白色再次勾勒公主方钻的结构线，完成绘制。

4.3.3 梯方钻

梯方钻画法

梯方钻经常作为配石出现在珠宝造型之中，尽管它们不是最闪亮的切割方式，但长而精巧的造型，给整个珠宝首饰带来了低调奢华的感觉。

效果图

工　　具：自动铅笔、宝石模板、水粉／水彩 颜料、画笔勾线笔、高光白颜料	使用颜色：　██████

步骤分解：

Step 01 用自动铅笔起稿，用宝石模板在卡纸上画出梯方钻的结构。

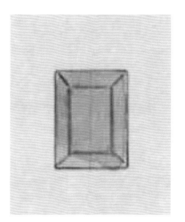

Step 02 用白色和深灰色调和出浅灰色，整体铺一遍较薄的灰色，注意不要覆盖梯方钻的结构。

Step 03 区分明暗面，左上角倒L形区域是亮部，右下角倒L形区域是暗部，中间台面从左上角至右下角颜色由深到浅渐变。

Step 04 用干净的勾线笔，蘸白色高光颜料勾勒钻石结构线。

Step 05 中间台面用白色画出反光，完成绘制。

4.3.4 蓝宝石

蓝宝石画法

宝石界将红宝石之外的各色宝石级刚玉都称为蓝宝石，除红色的宝石称红宝石外，其余各种颜色如蓝色、淡蓝色、绿色、黄色、灰色、无色等，均称为蓝宝石，或彩蓝宝石。

效果图

工　　具：自动铅笔、水粉／水彩颜料、画笔　勾线笔、高光白颜料	使用颜色：

步骤分解：

Step 01 用自动铅笔起稿，用宝石模板在卡纸上画出心形蓝宝石的结构。

Step 02 用湖蓝色和群青色调和出蓝色，整体铺一遍较薄的蓝色，注意不要覆盖蓝宝石的结构。

Step 03 用蓝色加白色勾勒蓝宝石的结构线。

Step 04 找出高光区域和暗部，亮部用白色加蓝色的调和色绘制，暗部用蓝色加普蓝色的调和色加深。

Step 05 将宝石整体颜色加深，中间台面从左上角到右下角逐格加蓝色，形成由深蓝色到浅蓝色的渐变。

Step 06 继续调整宝石颜色，用白色加蓝色修饰结构线，在中间台面绘制高光，体现蓝宝石的光泽感，完成绘制。

4.3.5 红宝石

红宝石画法

红宝石是刚玉的红色变体，以"鸽子血"最为著名。其令人炫月的色泽和耐受性，让红宝石在宝石中不仅是美丽之选，也是实用之选。

工　　具：自动铅笔、宝石模板、水粉/水彩颜料、画笔勾线笔、高光白颜料	使用颜色：

效果图

步骤分解：

Step 01 用宝石模板在卡纸上画出红宝石的椭圆形外轮廓，并画出完整的刻面结构。

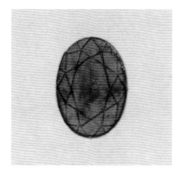

Step 02 用大红色和深红色调和出红色，整体铺一遍较薄的红色，注意不要覆盖红宝石的结构。

Step 03 绘制红宝石左上角最亮的三个面和右下角最暗的三个面，亮部用白色加红色平涂，暗部用红色加普蓝色平涂（注意控制添加普蓝色的比例，普蓝色过多调和色会变紫色）。

Step 04 绘制台面中间位置底部刻面颜色的深浅变化，从左上角的暗红色开始每格依次加大红色，到右下角形成由深到浅的颜色渐变。

Step 05 调整其他面的红色，整体左上角偏深，右下角偏浅，和原来的明暗面形成强烈对比。

Step 06 用干净的勾线笔勾画结构，使用白色高光颜料和红色调和出浅红色，描摹红宝石的结构，在中间台面绘制高光，完成画面绘制。

4.3.6 黄宝石

黄宝石画法

黄宝石是指黄色蓝宝石，是黄色宝石级刚玉的变种。颜色从浅黄到金丝雀黄、金黄、蜜黄及浅棕黄，以金黄色为最好。

工　　　具：自动铅笔、宝石模板、水粉／水彩颜料、画笔勾线笔、高光白颜料	使用颜色：

效果图

步骤分解：

Step 01 用自动铅笔和宝石模板在卡纸上画出梨形（水滴形）黄宝石，并画出完整的刻面结构。

Step 02 将柠檬黄和橘黄色调和，整体铺一遍较薄的黄色，不要覆盖黄宝石的结构。

Step 03 绘制出黄宝石左上角最亮的三个面和右下角最暗的三个面，亮面用黄色或白色加黄色调出浅黄色填充，暗部用黄色加少量赭石和熟褐调和填充。

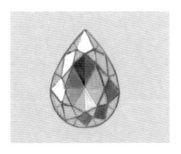

Step 04 画台面中间的底部刻面颜色的深浅变化，从左上角的深黄色开始每格依次加柠檬黄，到右下角形成由深到浅的颜色渐变。

Step 05 调整其他面的黄色，整体左上角偏深，右下角偏浅，和原来的明暗面形成强烈对比。

Step 06 用干净的勾线笔蘸白色高光颜料和柠檬黄调和，描摹黄宝石的结构，在中间台面点出高光点，完成绘制。

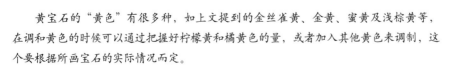

黄宝石的"黄色"有很多种，如上文提到的金丝雀黄、金黄、蜜黄及浅棕黄等，在调和黄色的时候可以通过把握好柠檬黄和橘黄色的量，或者加入其他黄色来调制，这个要根据所画宝石的实际情况而定。

4.3.7 祖母绿

祖母绿画法

祖母绿被称为绿宝石之王，其颜色十分诱人，在光源下总是发出柔和而浓艳的光芒，是相当贵重的宝石。

效果图

工　　具：自动铅笔、宝石模板、水粉／水彩 颜料、画笔勾线笔、高光白颜料	使用颜色：

步骤分解：

Step 01 用自动铅笔起稿，用宝石模板在卡纸上画出祖母绿宝石的结构。

Step 02 用深绿色和草绿色调和出绿色，整体铺一遍较薄的绿色，注意不要覆盖祖母绿宝石的结构。

Step 03 左上角的倒L形区域是亮部，右下角的倒L形区域是暗部，暗部加墨绿色和普蓝色绘制。台面中间底部刻面则相反，左上区域加深，右下区域用白色加绿色调出浅色绘制。

Step 04 用白色加绿色勾勒祖母绿宝石的结构，并调整整体绿色，使立体效果更加明显。

Step 05 在中间台面绘制高光，体现宝石光泽。

4.3.8 橄榄石

橄榄石画法

宝石级橄榄石主要分为浓黄绿色橄榄石、金黄绿色橄榄石、黄绿色橄榄石和浓绿色橄榄石。优质橄榄石呈透明的橄榄绿色、翠绿色或黄绿色,清澈秀丽的色泽十分赏心悦目。

效果图

工　　具:自动铅笔、宝石模板、水粉/水彩颜料、画笔勾线笔、高光白颜料	使用颜色:

步骤分解:

Step 01 用自动铅笔起稿,用宝石模板在卡纸上画出马眼形,然后画出橄榄石结构。

Step 02 整体铺一遍较薄的橄榄绿色,注意不要覆盖橄榄石的结构。

Step 03 用白色加绿色调出浅绿色勾勒橄榄石的结构。

Step 04 亮部用白色加绿色平涂,暗部用绿色加普蓝色(得到较深的绿色)平涂,台面中间的底部刻面,注意画出深浅变化。

Step 05 调整颜色细节,用细的白线再次勾勒宝石结构,完成绘制。

4.3.9 芬达石

芬达石画法

芬达石是来自石榴石大家族中的锰铝榴石，是一种十分美丽且非常受欢迎的彩色宝石品种。

效果图

工　　具：自动铅笔、宝石模板、水粉/水彩 颜料、画笔勾线笔、高光白颜料	使用颜色：

步骤分解：

Step 01 用自动铅笔起稿，用宝石模板在卡纸上画出芬达石的形状及结构线。

Step 02 整体铺一遍较薄的橙色，注意不要覆盖芬达石的结构。

Step 03 用干净的勾线笔，调和橙色、橘黄色和白色，勾勒芬达石的结构线。

Step 04 在橙色的基础上，加入大红色进行绘制，加深宝石整体颜色。

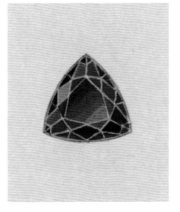

Step 05 调整明暗区域的颜色，亮部用橙色、橘黄色加白色进行绘制，暗部调和橙色加少许赭石、熟褐色进行绘制。

Step 06 在中间台面点出高光，完成绘制。

4.3.10 西瓜碧玺

西瓜碧玺画法

碧玺又称愿望石，是电气石族里达到珠宝级的一个种类。碧玺颜色种类繁多，西瓜碧玺是碧玺中非常罕见的一种，也是最吸引人的一种，因为颜色酷似西瓜的果肉和果皮而得名。

效果图

工 具：	自动铅笔、宝石模板、水粉/水彩颜料、画笔勾线笔、高光白颜料	使用颜色：

步骤分解：

Step 01 在卡纸上画出碧玺形状，用深绿色和大红色绘制绿色和红色区域。

Step 02 用勾线笔蘸高光白颜料，在形状内勾勒结构线条（注：结构线也可以在上色前画好）。

Step 03 绿色区域用墨绿和普蓝色调出深绿色进行绘制，从上往下画出绿色渐变。

Step 04 在红色区域里用深红色画出渐变，在绿色和红色之间分别用黄色和绿色调和，以及黄色和红色调出过渡色，并用白色细线画出底部结构。

Step 05 选取左上角一面用白色画出高光，同时，在台面中间画出反光效果，完成绘制。

画西瓜碧玺的绘制关键在于颜色的渐变，可能需要一些时间去将颜色调和到比较令人满意的状态。

4.3.11 紫水晶

紫水晶画法

紫水晶在自然界分布广泛，主要颜色有淡紫色、紫红、深红、大红、深紫、蓝紫等，天然紫水晶会有冰裂及或白色云雾杂质。

效果图

工　　具：自动铅笔、宝石模板、水粉/水彩颜料、画笔勾线笔、高光白颜料	使用颜色：

步骤分解：

Step 01 在卡纸上画出紫水晶的形状，平铺紫色并画出结构。

Step 02 用白色加少许紫色调和出浅紫色，勾勒紫水晶的结构线。

Step 03 在左上角选取四格加深紫色，调和紫色加普蓝色平涂。

Step 04 画深色区域，在深紫色格子周围平涂稍浅的紫色。

Step 05 在右下角选取局部格子用紫色加白调亮，画出反光区域。

Step 06 调整深色格子渐变色，从左上区域到右下区域为深色到浅色的渐变，并在左上区域空出的一格用白色加紫色调亮，画出高光，完成绘制。

4.3.12 海蓝宝石

海蓝宝石画法

海蓝宝石是一种含铍、铝的硅酸盐，海蓝宝石的颜色为天蓝色至海蓝色或带绿的蓝色，以明洁无瑕、浓艳的艳蓝至淡蓝色者为最佳。

工　　具：自动铅笔、宝石模板、水粉／水彩颜料、画笔勾线笔、高光白颜料	使用颜色：

效果图

步骤分解：

Step 01 用宝石模板在卡纸上画出海蓝宝石的形状，然后用天蓝色平铺底色。

Step 02 用白色加天蓝色调和出浅蓝色，勾勒出海蓝宝石的结构线（注：也可以在铅笔起稿时画好宝石结构）。

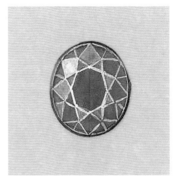

Step 03 左上角选取三个亮面用白色加天蓝色调出浅蓝色平涂，中间的一格最亮。

Step 04 在右下角区域选取相对的三个刻面用蓝色加湖蓝色和普蓝色画出暗部，中间台面呈从左上右下呈由深至浅的颜色渐变。

Step 05 调整整体蓝色的明暗对比，用白色加强刻面结构。

Step 06 用高光白颜料将左上角一格涂白，并在中间台面画出反光，完成绘制。

4.3.13 珊瑚

珊瑚枝画法

珊瑚属于有机宝石，色泽喜人，质地莹润，与珍珠、琥珀并列为三大有机宝石。

工　具：自动铅笔、宝石模板、水粉／水彩 颜料、画笔勾线笔、高光白颜料	使用颜色：

效果图

步骤分解：

Step 01 在卡纸上绘制出珊瑚枝的形态，用大红色和深红色调和平铺底色。

Step 02 调和深红色加普蓝色，沿着珊瑚枝的形状，在枝干两边绘制暗部区域。

Step 03 在明暗交界的位置用加入更多的普蓝色调出的深红色，加深暗部。

Step 04 根据珊瑚枝的形态，鼓起来的区域用红色加白色调出浅红色，绘制亮部区域。

Step 05 用高光白颜料调和少许红色，画出高光，完成绘制。

4.4 珍珠手绘效果图绘制

4.4.1 白珍珠

白珍珠画法

白珍珠分为白色海水珍珠和白色淡水珍珠，具有瑰丽色彩和高雅气质的珍珠，象征着健康、纯洁，自古以来为人们所喜爱。

效果图

工　　具：自动铅笔、宝石模板、水粉／水彩 颜料、画笔勾线笔、高光白颜料	使用颜色：　■

步骤分解：

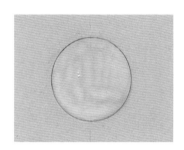

Step 01 用宝石模板在卡纸上画出圆形，用白色和灰色调出浅灰色，平铺底色。

Step 02 在珍珠中间用深灰色画一个"胖嘟嘟"的 H 形。

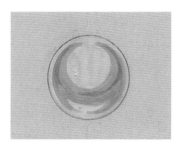

Step 03 沿着 H 形上下加灰色，从深到浅画出渐变。

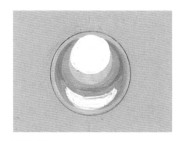

Step 04 在珍珠上部与下部用白色画出高光和反光的形状。

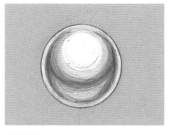

Step 05 继续顺延球形画灰色渐变，使高光和暗部自然过渡。

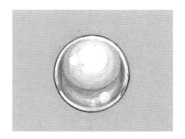

Step 06 用高光白颜料绘制高光和反光。

给珍珠上色的关键在于颜色的自然过渡，画时需要费点时间打磨灰色调和的比例，以及研究如何使其自然过渡。

4.4.2 金珍珠

金珍珠画法

金珍珠是一种海水养殖珠，从淡黄色至金黄色不等。

效果图

工　　具：自动铅笔、宝石模板、水粉/水彩 颜料、画笔勾线笔、高光白颜料	使用颜色：

步骤分解：

Step 01 用宝石模板在卡纸上画出圆形，用土黄色铺底，在中间用黄色和熟褐色调和出深黄色画出"胖嘟嘟"的 H 形。

Step 02 调和白色加柠檬黄在 H 形上下分别用浅黄色画出高光和反光的形状。

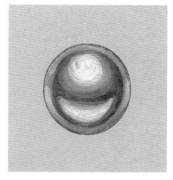

Step 03 顺着珍珠的形状，从 H 形开始，加入黄色和橘黄色的调和色，从暗部到亮部区域画渐变。由于一次比较难画出想要的渐变效果，需要多覆盖几次黄色。

Step 04 调整整体黄色的明暗对比，使渐变过渡更为自然。

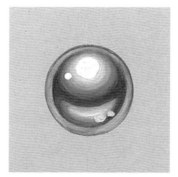

Step 05 用高光白颜料在亮部绘制高光，并绘制几个白色小圆点作为光泽。

　　画金珍珠时使用的黄色纯度不宜太高，可以加入土黄色或熟褐色稍微调深一点，注意黄色过渡要顺着珍珠的形状，表现出自然过渡的效果。

4.4.3 黑珍珠

黑珍珠画法

黑珍珠，是一种青铜色的珍珠，属于十分贵重的珠宝品种。它象征最艰辛岁月的结晶，被称为母贝最伤痛的泪水，历经磨难所以稀有，并且高贵。

工　具：自动铅笔、宝石模板、水粉/水彩 颜料、画笔勾线笔、高光白颜料	使用颜色：

效果图

步骤分解：

Step 01 用宝石模板在卡纸上画出圆形，用黑色和墨绿色调和出的深绿色平铺底色。

Step 02 在球形中间用黑色画一个"胖嘟嘟"的H形。

Step 03 在H形上下分别用白色绘制高光和反光的形状。

Step 04 从H形开始，顺着球形的弧度逐步加墨绿色，从暗部到高光画出渐变。

Step 05 继续用墨绿色调整渐变效果，使高光和暗部自然过渡。

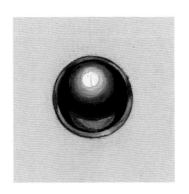

Step 06 在球形转折位置，调和白色加绿色画出反光，底部用白色加紫色画出反光，使黑珍珠整体效果稍显活泼，最后用白色在亮部画出高光，完成绘制。

4.5 宝石手绘效果图技法总结

　　起初铺底的颜色一般为宝石的基本色，第一遍上色画深了或画浅了不影响后面的颜色叠加，所以前期主要是快速地概括出颜色，后面再调整。宝石颜色非常丰富，实际绘画中要学会举一反三，概括出宝石的基本色，然后在此基础上调亮或加深。用高光的颜色勾勒结构这一步不限制是在铺底色之后，还是在整体立体效果画得差不多之后，根据个人作画习惯来决定就好。画完深色画浅色前一定要把笔洗干净，否则画浅色部分时颜色显得脏。上色过程也是个不断修饰结构细节的过程，注意越画到后面就越需要严谨对待。

PART ▸▸

05

金属手绘
效果图技法

珠宝最常用的金属有黄金、K金（Karat Gold）、银等，市场上的K金有9K金、14K金、18K金、24K金等。珠宝常用的白色金属包括铂金、白色K金、钯金、银等；黄色金属包括黄金、黄色K金、黄铜等；玫瑰金也叫"红金"，还有黑色K金。另外，市场上新生的钛金首饰可以通过技术手段自主着色，呈现各种色彩。

随着社会的持续发展，人们的审美观念也在不断变化。金属表面的处理加工技术可以大大增加首饰的装饰性，同时也可以提高首饰的抗腐蚀、变色、耐磨的能力。目前珠宝首饰主要通过物理、化学手段来改变首饰的颜色、光泽度、纹理、质感等，以此满足珠宝首饰多样化的需求，同时也可以提高饰品的经济附加值。

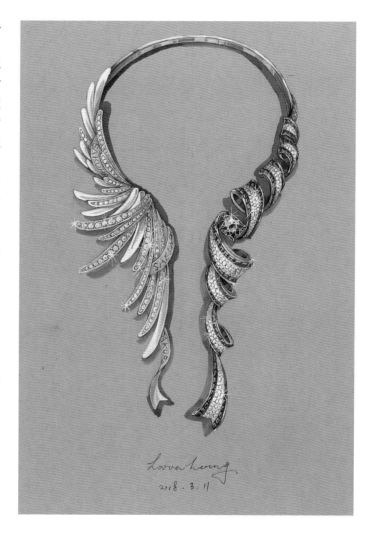

珠宝首饰表面处理的方法较多，用相关的工具对饰品进行打磨、抛光，可使首饰表面平整光亮。除了传统的抛光和电镀，现代表面处理工艺增加了磨砂、拉丝、喷砂工艺等。

另外，金属首饰还包含配链，金属链子款式繁多，有O字链、肖邦链、绞丝链、元宝链、珠链、蛇骨链、坦克链、瓜子链等。金属在珠宝首饰中的造型应有尽有，人们也在技术上不断探索金属在珠宝制作中新的可能性。

5.2.1 黄色平面金属

黄色平面金属画法

工　　具：自动铅笔、水粉／水彩颜料、画笔勾线笔、高光白颜料	使用颜色：

步骤分解：

Step 01 在卡纸上画出一块平面的金属形状，平铺柠檬黄色。

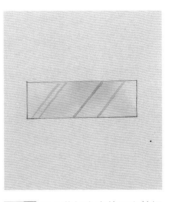

Step 02 用土黄加少许赭石和熟褐色调出深黄色，以倾斜约 45°的平行四边形画出反光（反光的数量和位置可以自由掌握）。

Step 03 为反光的平行四边形平铺深黄色。

Step 04 同样，用白色勾画出亮面反光，进行平涂。

Step 05 将深浅黄色的块面进行颜色过渡，从深到浅，或者从浅到深，调整细节，使平面的反光颜色过渡自然。

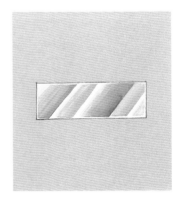

Step 06 调整黄色的渐变，使之更加自然。

5.2.2 白色平面金属

白色平面金属画法

工　　具：自动铅笔、水粉/水彩颜料、画笔勾线笔、高光白颜料	使用颜色：

步骤分解：

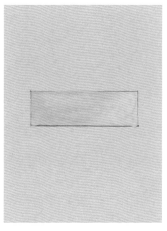

Step 01 在卡纸上画出一块平面的金属形状，用白色和深灰色调和出浅灰色，然后平铺底色。

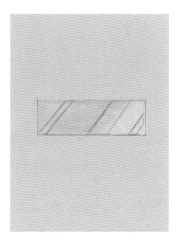

Step 02 调和出较深的灰色，以倾斜约45°的平行四边形画出反光（反光的数量和位置可以自由掌握）。

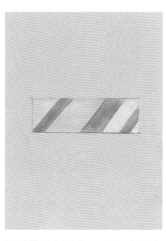

Step 03 绘制暗部区域，在平行四边形内平铺深灰色。

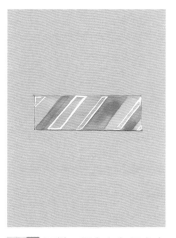

Step 04 同样，用白色勾画出亮面反光，进行平涂。

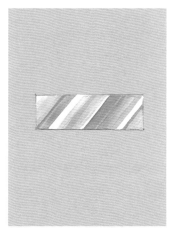

Step 05 将灰色从深到浅，或者从浅到深平涂，让平面的反光过渡自然。

Step 06 调整画面的渐变，使之更加自然。

5.2.3 玫瑰金色平面金属

玫瑰金色平面金属画法

工　　具：自动铅笔、水粉/水彩颜料、画笔勾线笔、高光白颜料	使用颜色：

步骤分解：

Step 01 在卡纸上画出一块平面的金属形状，用肤色平铺。

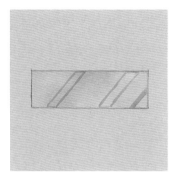

Step 02 用肤色加赭石色调出深玫瑰金，以倾斜约 45°的平行四边形画出反光。

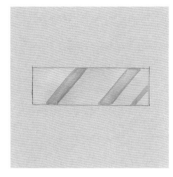

Step 03 绘制暗部，在平行四边形内平铺较深的颜色。

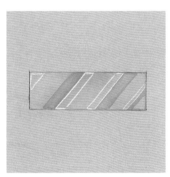

Step 04 同样，在局部用白色勾画出亮面反光的形状，进行平涂。

Step 05 用肤色和较深的颜色进行过渡，从深到浅，或者由浅到深，让平面的反光更自然。

Step 06 调整整个平面的玫瑰金颜色的渐变，使之更加自然。

5.3　曲面金属效果图绘制

5.3.1　曲面金属绘制一

工　　具：自动铅笔、水粉/水彩颜料、画笔勾线笔、高光白颜料	使用颜色：

步骤分解：

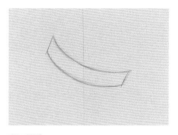

Step 01 用铅笔绘制一块微卷的曲面金属。

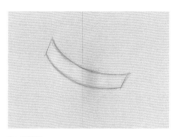

Step 02 平铺柠檬黄色。

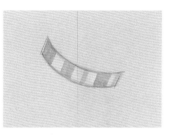

Step 03 用土黄色绘制反光面，由于金属是卷曲的形状，绘制时可以不局限于45°的反光，但注意反光和金属形状形成相切的关系。

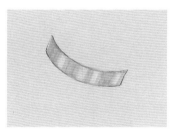

Step 04 在柠檬黄和土黄之间画颜色，使色彩过渡自然。

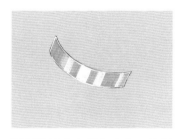

Step 05 用黄色调和白色，绘制金属的亮部反光，并将与曲面金属相切的形状进行平涂。

Step 06 调和赭石和熟褐，绘制曲面两边弯曲的位置。并和黄色进行过渡衔接。

Step 07 调整画面效果，用白色在中间台面画出高光，完成绘制。

　　如果是白色金属、红色金属或者其他颜色的金属，把颜色替换成对应的金属颜色，画法基本一致。

5.3.2　曲面金属绘制二

工　　具：自动铅笔、水粉/水彩颜料、画笔勾线笔、高光白颜料	使用颜色：

步骤分解：

Step 01 用铅笔绘制曲面金属的基本造型。

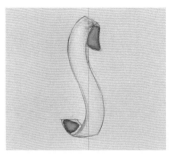

Step 02 在金属正面平铺柠檬黄色，然后在柠檬黄的基础上加熟褐和赭石进行调和，平涂于金属背面，塑造出金属基本的空间关系。

Step 03 画出反光面的形状，与金属形状形成相切的关系。在原来颜色基础上加赭石和熟褐，绘制暗部。

Step 04 在深浅黄色间绘制颜色，使色彩过渡自然。

Step 05 用黄色加白色调出浅黄色，画出金属亮部的反光。

Step 06 用干净、湿润的笔融合色彩，将深浅黄色色进行调和过渡。

Step 07 调整画面，让颜色衔接自然，正面用白色画出高光区域。

　　如果绘制白色金属、红色金属或者其他颜色的金属，其画法基本一致，只需把颜色替换成对应的金属颜色即可。

5.3.3 曲面金属绘制三

工 具：自动铅笔、水粉／水彩颜料、画笔勾线笔、高光白颜料	使用颜色：

步骤分解：

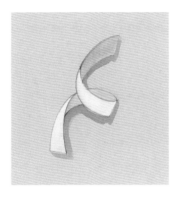

Step 01 用铅笔在卡纸上绘制出丝带金属造型，用柠檬黄平涂金属正面，背面用土黄色进行绘制，让画面呈现出基本的空间关系。

Step 02 将正面归纳出亮面，用白色加柠檬黄调出浅黄色，绘制亮面的形状。

Step 03 将正面的黄色进行深浅渐变处理，注意色彩深浅跨度不宜过大。

Step 04 背面画法和正面一样，先概括出暗部的位置，用黄色调和赭石与熟褐，画出背面深色色阶。

Step 05 调整背面的深色渐变，然后用浅黄色和白色绘制亮面，进一步塑造金属亮部区域。

Step 06 调整画面，完成绘制。

5.3.4 曲面金属绘制四

工　　具：自动铅笔、水粉 / 水彩颜料、画笔勾线笔、高光白颜料	使用颜色：

步骤分解：

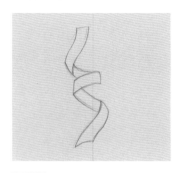

Step 01 用自动铅笔在卡纸上画出曲面金属造型。

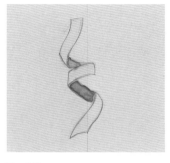

Step 02 区分金属整体的明暗面，正面用柠檬黄平铺，背面用柠檬黄调和赭石、熟褐进行绘制。

Step 03 用土黄色平铺正面并绘制出几道深色反光，背面在转折的位置加深颜色（加入赭石和熟褐比例更多）。

Step 04 将颜色进行自然过渡，金属正面的深色不能比暗部的颜色深，注意区分整体的明暗关系。

Step 05 用白色加柠檬黄调和出浅黄色，在金属正面绘制高亮的区域。

Step 06 用平涂、湿润的笔融合色彩在颜色之间进行过渡调和。

Step 07 在金属正面用白色绘制高光，调整画面，完成绘制。

　　我们不妨和之前相对简单的曲面金属绘制进行比对，卷曲金属再复杂，我们也要以概括的方式去绘制整体的明暗关系，只要深浅分布得当，给人的感觉就不会太花哨。

5.4 管状金属效果图绘制

5.4.1 管状金属绘制一

工　　具：自动铅笔、水粉/水彩颜料、画笔勾线笔、高光 白颜料、黑色圆珠笔	使用颜色：

步骤分解：

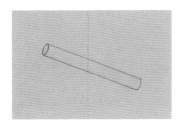

Step 01 用自动铅笔在卡纸上画出管状金属造型。

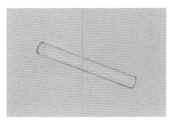

Step 02 调和柠檬黄和橘黄，平铺金属基础色。

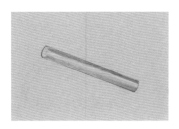

Step 03 根据金属的形状特点，用黄色加赭石和熟褐调出深黄色，画圆柱体两边。

Step 04 用黑色圆珠笔勾勒管状，在明暗交界的位置用黑色圆珠笔沿着管状画出明暗交界线。

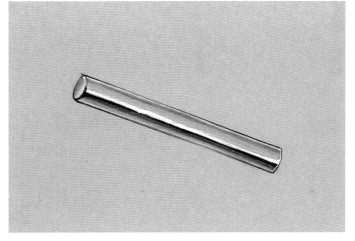

Step 05 在圆柱体两边用柠檬黄勾勒，体现圆柱体转折的反光。

Step 06 在明暗交界的位置用白颜料画出高光，完成管状金属绘制。

5.4.2 管状金属绘制二

工　　具：自动铅笔、水粉/水彩颜料、画笔勾线笔、高光 白颜料、黑色圆珠笔	使用颜色：

步骤分解：

Step 01 用自动铅笔在卡纸上画出一条波浪形的管子。

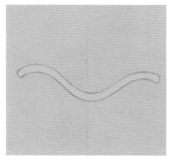

Step 02 调和柠檬黄和橘黄，平铺金属基础色。

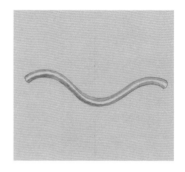

Step 03 根据管子的形状变化，用土黄色沿着两边曲线加深。

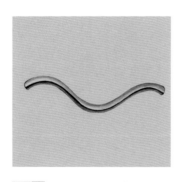

Step 04 用黑色圆珠笔把金属形状勾勒清晰，顺着波浪形管状造型在明暗交界的位置，画出明暗交界线。

Step 05 金属两边用柠檬黄色勾勒出波浪形管转折的反光。

Step 06 最后在明暗交界的位置画出白色高光，调整画面，完成绘制。

　　白色金属、红色金属等的波浪形管状造型的画法也是如此，将颜色换成对应的金属色调和即可。

5.4.3 管状金属绘制三

| 工　　具：自动铅笔、水粉/水彩颜料、画笔勾线笔、高光 | 使用颜色： |
| 白颜料、黑色圆珠笔 | |

步骤分解：

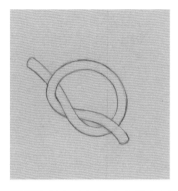

Step 01 用自动铅笔在卡纸上画出一个缠绕形管状，注意管子的穿插位置。

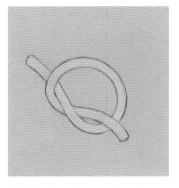

Step 02 用柠檬黄和橘黄调和，平铺金属基础色。

Step 03 沿着管子形状的走向，将管子两边用土黄色加深，体现金属的立体感。

Step 04 用黑色圆珠笔修饰管子造型，顺延管子的弧度，在明暗交界的位置画出明暗交界线。这是体现金属感的关键一步。

Step 05 用柠檬黄勾勒管形金属两边，形成转折的反光。

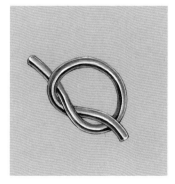

Step 06 最后在明暗交界的位置画出白色高光，调整画面，完成绘制。

　　无论管状金属造型如何变化，我们的绘制方法也是百变不离其宗的，绘制时注意归纳金属的明暗位置，顺着管状金属造型走向进行上色。白色金属、红色金属等缠绕形管状金属造型的画法也是如此，只需将颜色换成对应的金属色调和即可。

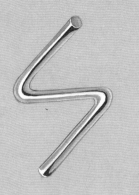

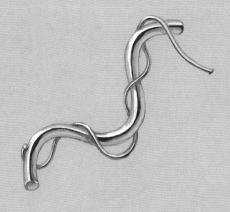

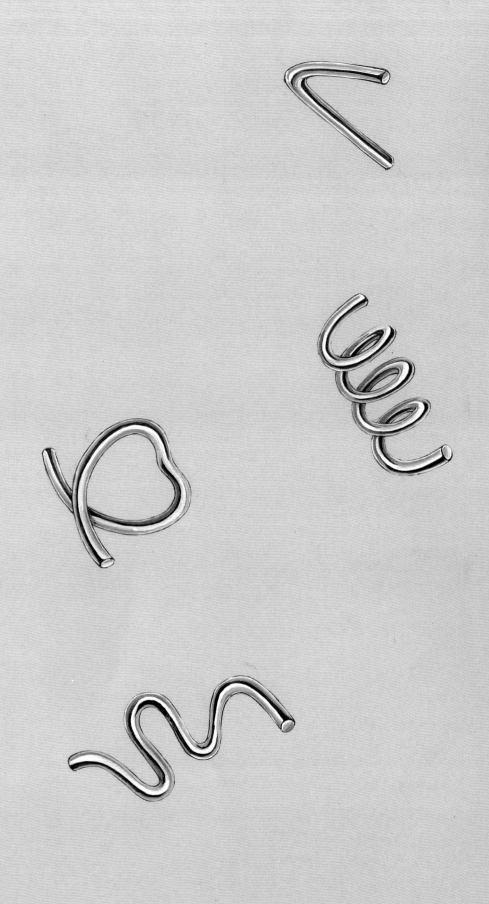

5.5 绳状金属效果图绘制

绳状金属造型，包括"拧绳状""麻花状"，在珠宝手绘中泛指与此类形式比较类似的造型。在实际的珠宝款式中绳状造型也广泛存在，比如传统的麻花手镯、花丝等。

5.5.1 黄色绳状金属绘制一

工　　具：自动铅笔、水粉 / 水彩颜料、画笔勾线笔、高光 白颜料、黑色圆珠笔	使用颜色：

步骤分解：

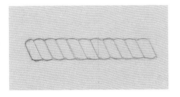

Step 01 用自动铅笔在卡纸上画出一小段金属绳造型。

Step 02 用柠檬黄平铺底色。

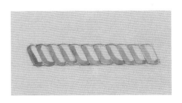

Step 03 调和土黄加少量赭石、熟褐，在金属绳每一节的转折和相交的位置加深颜色，体现其立体感。

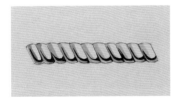

Step 04 用黑色圆珠笔勾勒金属绳造型，在每一节金属绳明暗交界的位置画出弧形的明暗交界线。

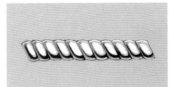

Step 05 用白色画出亮色区的形状，以及每一节金属绳转折的反光。

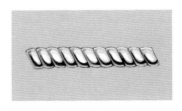

Step 06 用柠檬黄在亮色区里叠加，留出高光位置。

Step 07 进一步加强金属绳的明暗对比，在每一节金属绳转折的位置用土黄色加深颜色，画出黄色渐变，体现其立体感。

Step 08 在每一节金属绳中间位置用白色画出高光，完成绘制。

白色金属、红色金属等的绳状造型画法也是如此，只需将颜色换成对应的金属色调即可。

5.5.2 黄色绳状金属绘制二

工　　具：自动铅笔、水粉/水彩颜料、画笔勾线笔、高光白颜料、黑色圆珠笔	使用颜色：

步骤分解：

Step 01 用自动铅笔起稿，画出一段弯曲的金属绳，注意转折位置形状的变化。

Step 02 平铺柠檬黄，稍微稀薄一点，能看得出绳子细节即可。

Step 03 调和黄色、赭石和熟褐，顺着金属绳变化的形态，在每一节转折和相交的位置加深颜色，塑造立体感。

Step 04 用黑色圆珠笔勾勒金属绳造型，在每一节明暗交界的位置，画出明暗交界线。

Step 05 用白色概括出每一节金属绳亮色区及边缘的反光。

Step 06 用柠檬黄在白色上进行叠加，留出高光区域。

Step 07 用黄色绘制每一节金属绳的过渡，在每一节转折的位置加深黄色。

Step 08 用高光白颜料画出高光，完成绘制。

　　画比较复杂的细节时，上色的过程难免会把造型模糊了，所以注意每一步要修整造型。白色金属、红色金属等的绳状造型画法也是如此，只需将颜色换成对应的金属色调即可。

5.5.3 白色绳状金属绘制一

工　　具：自动铅笔、水粉/水彩颜料、画笔勾线笔、高光白颜料、黑色圆珠笔	使用颜色：
	■

步骤分解：

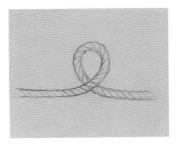

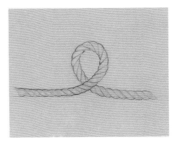

Step 01 用自动铅笔起稿，画出一段交错弯折的金属绳造型，这步绘制要严谨，注意每节绳子的方向变化。

Step 02 调和白色和深灰色，平铺一遍灰色，注意不要覆盖细节。

Step 03 顺着绳子的走向，在金属绳的每一节转折和相交的位置用较深的灰色叠加，塑造立体感。

Step 04 用黑色圆珠笔修饰细节，在每一节金属绳明暗交界的位置画出明暗交界线。

Step 05 用白色画出亮色区，以及每一节金属绳转折处的反光。

Step 06 最后用灰色调整过渡，注意灰色不宜太深，否则就不是白色金属了。

　　其实，熟悉了上色以后，这种造型的绘制难度反而是在起稿阶段，每节"绳子"该如何转折、衔接是很关键的问题。颜色加深的位置和形状的走向有关系，这个需要大家平时多留意观察这类造型的特点。

5.5.4 白色绳状金属绘制二

工　　具：自动铅笔、水粉/水彩颜料、画笔勾线笔、高光白颜料、黑色圆珠笔	使用颜色：

步骤分解：

Step 01 用自动铅笔起稿，在卡纸上画出一段打结的金属绳，注意金属绳每节转折的变化情况。

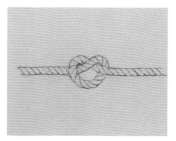

Step 02 平铺浅灰色，注意不要覆盖绳子细节。

Step 03 在每一节金属绳的转折和相交的位置，用深灰色加深，塑造立体感。

Step 04 用黑色圆珠笔勾勒造型，在每一节金属绳明暗交界的位置，画出金属的明暗交界线。

Step 05 用白色画出亮色区及每一节金属绳转折处的反光。

Step 06 调整每一节灰色的渐变，让其从深到浅自然过渡，完成绘制。

　　由于复杂的造型是无法借助尺子完成的，所以比较考验绘图能力。另外，造型复杂也容易让画面呈现出花、乱的效果，绘制时要谨记绘图步骤，适当的时候还要用笔修饰一下造型结构。

5.5.5 红色绳状金属绘制一

工　　具：自动铅笔、水粉/水彩颜料、画笔勾线笔、高光白颜料、黑色圆珠笔	使用颜色：

步骤分解：

Step 01 用自动铅笔起稿，绘制打结金属绳，注意每节金属绳转折变化。

Step 02 用肤色平铺一遍底色，保留铅笔稿细节。

Step 03 在每一节金属绳转折和相交的位置，用赭石和熟褐的调和色加深颜色，塑造立体感。

Step 04 用黑色圆珠笔勾勒金属绳细节，在每一节金属绳明暗交界的位置，画出明暗交界线。

Step 05 用白色画出亮色区，及每一节金属绳转折的反光。

Step 06 调和肤色加赭石、熟褐，沿着黑色反光叠加颜色画出渐变。

Step 07 由于开始铺色时颜色比较稀薄，用肤色覆盖整体，调整一遍，让玫瑰金的色泽得以凸显。

Step 08 用白色画出高光，完成绘制。

　　此类绘制基本就是用肤色来呈现玫瑰金的颜色，也可以在肤色里混入少量黄色作为基础色。虽然造型复杂，但也要学会化繁为简，清晰地表现每一步。

5.5.6 红色绳状金属绘制二

工　　具：自动铅笔、水粉/水彩颜料、画笔勾线笔、高光白颜料、 黑色圆珠笔	使用颜色：

步骤分解：

Step 01 用自动铅笔起稿，绘制较为复杂的金属绳，造型由两段金属绳组成，理顺每节金属绳的形状走向。

Step 02 用肤色平铺一遍底色，注意保留铅笔稿细节。

Step 03 调和肤色加赭石、熟褐，在每一节绳子转折和相交的位置加深颜色。

Step 04 用黑色圆珠笔在每一节金属绳明暗交界的位置画出明暗交界线。注意，由于两段金属绳走向不同，反光的方向也会不一样。

Step 05 用白色概括出亮色区，以及每一节金属绳转折的反光。

Step 06 用肤色进行整体颜色叠加，调整深色和浅色的渐变。

Step 07 用白色画出高光，完成绘制。

　　绘制两段缠绕的绳子，比较头疼的反而是起稿的部分，上色也要注意用线去区分两段绳子的关系，否则画面也会容易花、乱。

5.5.7　麻花手镯画法

手工银质麻花手镯画法

工　　具：自动铅笔、水粉／水彩颜料、画笔勾线笔、高光白颜料、黑色圆珠笔	使用颜色：

步骤分解：

Step 01 用自动铅笔起稿，借助椭圆形模板画出麻花手镯基本造型。

Step 02 平铺一遍稀薄的灰色，不要完全覆盖起稿细节。

Step 03 顺着麻花手镯的环形走向，在每一节转折和相交的位置加深灰色，塑造立体效果。

Step 04 用黑色圆珠笔修整造型，在每一节明暗交界的位置，画出明暗交界线。

Step 05 用白色画出亮色区，以及每一节转折的反光。

Step 06 调整灰色的渐变效果，完成绘制。

　　巩固之前金属练习的基础，麻花手镯的难点其实是两边弯曲透视产生的转折表现。手绘图虽然无法和计算机绘图的精准相比，但也应尽可能在细节上画得严谨。

5.6 金属肌理效果图绘制

5.6.1 金属表面工艺——光面

光面金属的特点是表面反光明显。观察生活中的物品，如不锈钢的保温壶、厨具等，可以发现其明暗色对比非常强烈，所以在画这类质感时要注意通过颜色、形状，对比出强烈的明暗关系，以体现"光面金属"感。

工 具：自动铅笔、水粉/水彩颜料、画笔勾线笔、高光白颜料	使用颜色：

步骤分解：

Step 01 用自动铅笔起稿，画出圆柱体的基本造型，然后用柠檬黄平铺底色。

Step 02 圆柱体两边为暗部，调和土黄色进行加深。

Step 03 选取圆柱体中间位置，用白色和柠檬黄调出浅黄色，提亮亮色区域。

Step 04 用深浅黄色进行过渡，两边转折位置用亮黄色勾出反光，在圆柱体平面上画出深浅渐变。

Step 05 调整颜色的渐变效果，使其过渡自然。

Step 06 用高光白颜料画出高光，完成绘制。

绘制时，一般需要三个层次的颜色——亮色、暗色和中间色，来保证一个画面有立体感，然后再增加颜色的渐变层次，这样金属效果也就随之出来了。尝试以此方法来画下光面的白色金属和红色金属吧。

5.6.2 金属表面工艺——拉丝

拉丝是利用金刚砂压在饰品表面做定向运动,从而形成细微的金属条纹的一种工艺。(注:这里的拉丝工艺与金属加工基础中的拉丝和压片是不同的概念。)

采用拉丝工艺的金属表面会被刻出一条条或长或短的线,拉丝的效果需要用非常细腻的线进行绘制。

工　　具:自动铅笔、水粉/水彩颜料、画笔勾线笔、高光白颜料	使用颜色:

步骤分解:

Step 01 用自动铅笔起稿,画出圆柱体的基本造型。两边用土黄色画出暗部,粗略地塑造出圆柱体的立体效果。

Step 02 在圆柱体表面用柠檬黄加赭石、熟褐调出较深的黄色,沿着圆柱体垂直的方向画出细腻的线条。

Step 03 用高光白颜料顺着圆柱体垂直的方向拉出一条条很细的线,与深色细线错开。

Step 04 用柠檬黄将之前丝状的白色覆盖,使黄色更加鲜亮。

Step 05 重复几次上一步骤,使亮色线条排列在圆柱体中间,两边线条颜色稍深,突出立体效果。

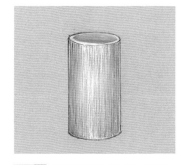

Step 06 调整画面效果,完成绘制。

画图案和肌理容易让物体变得"扁平",在画这种细节的时候,要注意根据形体结构的明暗适当调亮或调浅,使得肌理服帖于物体上。

5.6.3 金属表面工艺——磨砂/喷砂

　　喷砂是在高压气体的作用下用石英砂在饰品表面形成亚光效果的一种工艺。喷砂的颗粒比磨砂的粗，磨砂/喷砂工艺的特点需要通过绘制密集的点来进行表现。

工　　　具：自动铅笔、水粉/水彩颜料、画笔勾线笔、高光白颜料	使用颜色：

步骤分解：

Step 01 用自动铅笔起稿，绘制出圆柱体基本型，用柠檬黄平铺底色。

Step 02 在圆柱体两边加土黄色，画出基本的立体感。

Step 03 两边暗部用黄色加赭石、熟褐加深，将黄色深浅进行过渡，粗略地体现出圆柱体的曲面。

Step 04 开始画磨砂/喷砂的颗粒，用熟褐色在圆柱体两边点绘密集的点。

Step 05 用白色加黄色调出浅黄色，在圆柱体中间点出密集的点，暗部可以稀疏地点缀一下。

Step 06 深色的点和浅色的点之间互相过渡穿插，再调整画面，完成绘制。

　　金属磨砂的颗粒比较细，喷砂稍微粗点，画颗粒质感时注意，暗部区域的点颜色较深，亮部区域的点尽可能高亮。如果毫无规律地点得太平均，画面就容易变得花哨或扁平了。

5.6.4　金属表面工艺——树枝纹

树枝纹是像树枝表面的纹理，和拉丝的质感有些类似，但树枝纹比拉丝纹稍显粗糙。

工　　具：自动铅笔、水粉／水彩颜料、画笔勾线笔、高光白颜料	使用颜色：

步骤分解：

Step 01 用自动铅笔起稿，画出圆柱体的基本造型，平铺柠檬黄色，两边用土黄色加深。

Step 02 用黄色加赭石、熟褐调出较深的黄色，在圆柱体上画出一条条竖线，相较拉丝肌理的线，树枝纹要有一种粗糙感，画的时候适当随性一些。

Step 03 调和熟褐得到更深的颜色，重复上一步，错开着画一些竖线。

Step 04 用白色加黄色调出浅黄色，画一些稍亮的竖线，亮色的线集中在中间区域。

Step 05 重复上一步，让深色的线与浅色的线交错，表现出疏密有致的效果，完成绘制。

　　跟拉丝质感相比，树枝纹画法的区别主要有两点：线不要画得太长、太细，质感塑造得粗糙一些；亮色的线集中在形状鼓起的区域，暗色的线在交界或转折的暗部区域，适当的时候也可以互相穿插。

5.7 金属链子效果图绘制

5.7.1 金属链子绘制一

珠宝的链子款式很多，概括出它们的形状，就可以很好地画出立体效果，正如下图示范的这节链子，它就是由管状金属弯曲成的环状，环环相扣而成的，因此本节的内容也是在复习之前管状金属的绘制技法。

工　　具：自动铅笔、水粉/水彩颜料、画笔勾线笔、高光白颜料	使用颜色：■■■■

步骤分解：

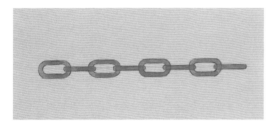

Step 01 用自动铅笔起稿，画一小段链子造型，注意环环相扣的距离基本均等，调出浅灰色平涂作为底色。

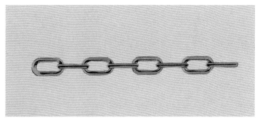

Step 02 根据管状的特点，用黑色圆珠笔在每个环上明暗交界的位置画出明暗交界线，注意反光的形状，可有长短、宽窄不一的变化。

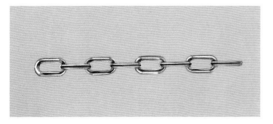

Step 03 用白色概括出每个环的高光，画的时候要灵活体现，注意不要画得一模一样。

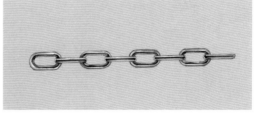

Step 04 强调环上金属两边的灰色，加强环形造型的立体感。

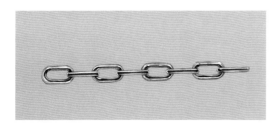

Step 05 画出高光的形状变化，完成绘制。

5.7.2 金属链子绘制二

工　　具：自动铅笔、水粉／水彩颜料、画笔勾线笔、高光白颜料　│　使用颜色：

步骤分解：

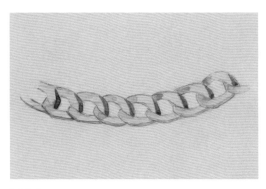

Step 01 起稿画一小段链子，注意配件的组合连接关系，平铺柠檬黄色，环与环的交接处及侧面位置用土黄色进行绘制，用黄色加赭石、熟褐调出深黄色，绘制金属侧面。

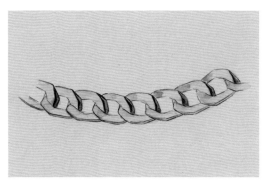

Step 02 用黑色圆珠笔修饰一下造型轮廓。

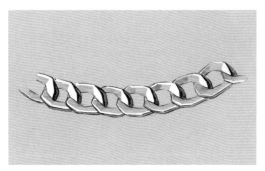

Step 03 用白色概括出亮色的区域。

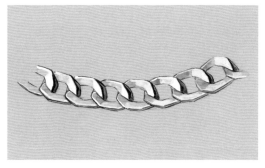

Step 04 用柠檬黄色叠加，画出颜色的渐变。

Step 05 调整黄色的渐变使其自然过渡，最后画上白色高光，完成绘制。

5.8 金属饰品综合绘制技法——树枝胸针

本节以原创的树枝胸针为案例，来进一步介绍在成品中是如何表现金属肌理的。

工　　具：自动铅笔、水粉／水彩颜料、画笔 勾线笔、高光白颜料、黑色圆珠笔	使用颜色：

步骤分解：

Step 01 用自动铅笔起稿，画出成品造型。

Step 02 为枝干平铺柠檬黄色，并画出珍珠的效果。

Step 03 概括出枝干的暗部，调和黄色加赭石、熟褐进行加深，粗略地概括出树枝纹肌理。

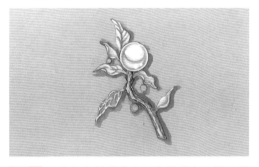

Step 04 用白色加柠檬黄色调出浅黄色画枝干的亮部，绘制树枝肌理。

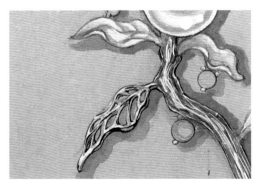

Step 05 绘制局部光面的金属叶子，用黑色圆珠笔画出光面金属的明暗交界线，并用浅黄色调亮局部。

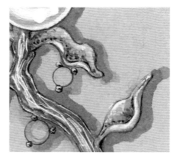

Step 06 画局部磨砂叶子，调和赭石和熟褐，在叶子暗部密集地画点，亮部用白色加黄色画点。

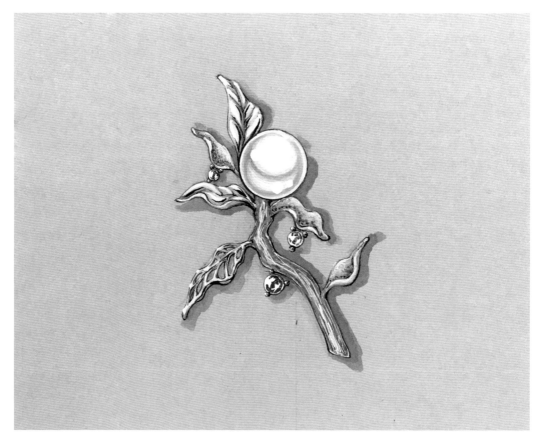

Step 07 最后补充彩宝，调整画面，完成绘制。

　　因为实际的珠宝首饰体量都比较小，很多细节不能面面俱到，所以在绘制成品饰品时，就是对之前局部练习的绘制总结。绘制时用概括的方法去表现质感、肌理和画面效果。

金属是看似简单但其实并不好画的材质。珠宝首饰免不了使用金属，所以这也是必须要攻克的一关，初学者的感触可能会更明显。

金属的绘制简单是指它的用色无非就是灰色、黄色、肤色和黑色的调色。无论如何调色都是用对应的金属色去加深或提亮。

绘制的难点在于金属的形状，以及颜色怎么根据形状进行变化，这要求设计师要了解自己设计的造型，哪些位置是凹陷的，哪些位置的鼓起来的。知道形体走向了，再根据"立起的地方亮，凹陷转折的地方暗"这一原则去调深浅色，然后把握好过渡的自然感。

下面总结出几个画金属效果的"小套路"，希望能帮助到大家的练习。

1. 画白色的金属用灰色来表示；

2. 画前先分析形体，凸起的地方调亮，转折凹陷的地方画深；

3. 先用三个颜色层次保证金属"立"起来：亮面、暗面、过渡面；

4. 检查颜色过渡是否自然；

5. 适当修整造型。

PART ▶▶

06

珠宝设计手绘
效果图技法

"透视"是在绘画里出现的词汇。透视有助于我们在平面上描绘物体的空间关系。透视包括零点透视、一点透视、两点透视和三点透视。

零点透视

如果画面上的物体没有消失点，形状上没有前大后小的关系，那它就是零点透视。零点透视就是没有透视，简单来说，扁平化的图案都属于零点透视。比如一般幼儿画的简笔画就没有透视可言，是零点透视。产品三视图也是典型的零点透视案例，包括正视图、侧（左、右）视图、俯视图。

一点透视

如果画面上的物体呈现出近大远小的立体效果，并且物体的透视线在远处汇聚在一个消失点上，那么画面上的物体就符合一点透视的规律，我们可以借助右图来理解。

在画面上有一条水平线，由水平线上的一个点以放射线延伸出的图形都具有近大远小的比例。在有限的纸幅内，一点透视所呈现的视觉效果有比较大的纵深感和空间感，所呈现的画面也比较严谨。此图有点像俯瞰摩天大楼，高楼从一个"点"拔地而起。

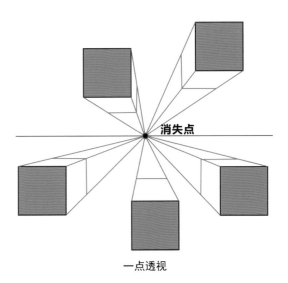

一点透视

两点透视

如果画面上的物体呈现出近大远小的立体效果，并且物体的透视线在平面上聚焦在两个点上，那么画面上的物体就符合"两点透视"的规律。

从水平线左右两点出发，延透视线画出来的物体，具有强烈的空间感，两点距离越近，透视效果越明显。相较于一点透视，出现在两点透视画面上的物体的正面朝向的变化比较多。两点透视图所呈现的画面效果，就像一个物体在自由的三维空间上方漂浮移动。

两点透视是珠宝手绘中常用的透视，比如手镯和戒指的立体图，要符合两点透视的标准，但由于珠宝首饰的体量比较小，所以在画面中不会呈现出非常强烈的透视效果。而像一些大型的产品，如画生活中的桌椅、门窗这些物体的立体图就会体现出比较明显的透视效果。

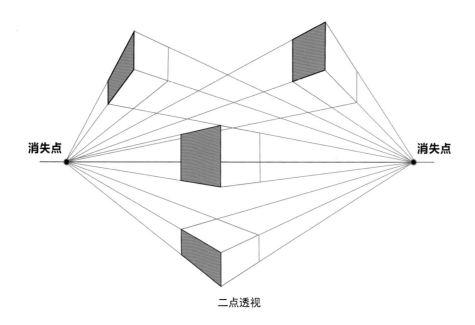

二点透视

三点透视

　　如果画面上的物体呈现出近大远小的立体效果，并且物体的透视线在平面上聚焦在三个消失点上，那么画面上的物体就符合三点透视的规律。

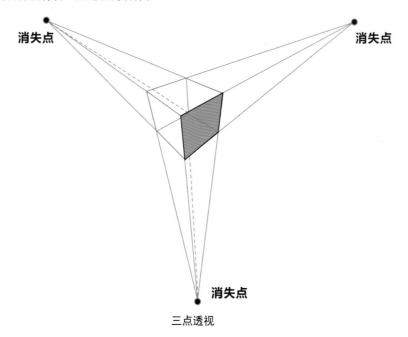

三点透视

　　三点透视其实就是在两点透视的基础上，上面或者下面增设一个消失点。以三点透视的规律画出来的物体，整体给人一种变形感。在需要表现一些恢弘壮阔的画面、高楼林立的都市画面时，可以运用三点透视，方圆万里的视角都可以收录在一张小画幅的纸上。当然若想以小见大地表现一件首饰，可以采用三点透视，把一个小戒指当成一个巨人一样去表现它，最终的成图也是很有震撼力的。

项链介绍

项链一般是用贵金属、宝石等制成的，是挂在颈部的链状首饰，是人体的装饰品之一，也是最早出现的首饰。除了具有装饰功能，有些项链还具有特殊寓意。

除了用金银等贵金属材料制作的项链，市场上还有用合金、铜等金属材料，搭配天然宝石或人工合成材料等制作的项链。常规项链从短到长，有 choker（在锁骨以上，并紧贴脖颈的项链）、项圈、锁骨链、吊坠和毛衣链等。项链的常规长度有 40cm、43cm、46cm、50cm、55cm、60cm、70cm，尾链（延长链）的参考长度为 2.5cm、4cm、5cm。项链长度要根据款式、佩戴者脸型、佩戴方式和衣服穿着来决定。

6.2.1 项链绘制———建筑之美玫瑰金项链

玫瑰金项链画法

画项链一般只要表现主体部分就可以了，后面的链子部分可以略去。本节以一款"中银大厦"原创型玫瑰金项链为例，来介绍项链是如何绘制的。

工　　具：自动铅笔、水粉/水彩颜料、画笔勾线笔、高光白颜料、黑色圆珠笔	使用颜色：

步骤分解：

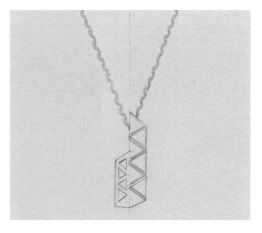

Step 01 用自动铅笔起稿，画出项链造型。由于现实中的配链一般都比较细，这里用波浪形双线画出链子。

Step 02 用肤色平涂金属颜色，暗部调和赭石和熟褐加深颜色，用黑色圆珠笔修饰造型。

Step 03 画出小钻并用高光白颜料概括地画出高光区域。

Step 04 绘制细节，局部拉丝的地方用白色加肤色画出细线，小钻画圆，并用白色画出高光。

Step 05 画出整体金属渐变，继续用深色画细线拉丝。

Step 06 调整画面，将金属整体提亮，画出高光，并选择局部区域，用白色画出线条很细的"米"字（发光效果），完成绘制。

　　"米字"发光的作用是给画面增加一些效果，使金属和宝石给人的感觉更加闪耀，一定要画得尖、细才好看，选择的位置一般集中在饰品的宝石位置和金属的局部位置等，数量不限。

6.2.2 项链绘制二——珍珠黄金项链

珍珠黄金项链画法

工　　具：自动铅笔、水粉／水彩颜料、画笔勾线笔、高光白颜料、黑色圆珠笔	使用颜色：

步骤分解：

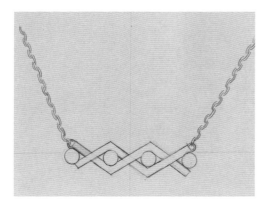

Step 01 用自动铅笔起稿，画出项链造型，用概括的波浪形双线画出链子。

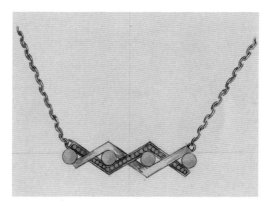

Step 02 金属部分用黄色加橘黄色调和平涂，局部暗面调和赭石熟褐加深，用黑色圆珠笔修饰造型并画出小钻。

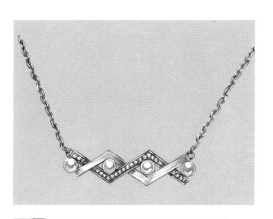

Step 03 用高光白颜料概括地画出高光区域。

Step 04 用黄色覆盖一遍金属，用黄色加赭石或熟褐调出深色画金属拉丝。

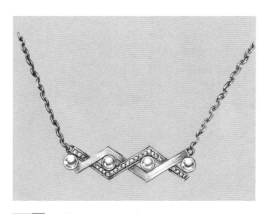

Step 05 完整地画出珍珠效果，继续用白色加黄色调出浅黄色，画金属拉丝肌理。

Step 06 画出高光，并选择局部区域用白色画出线条很细的"米"字（发光效果），完成绘制。

6.2.3 项链绘制三——白玉与彩宝镶嵌式项链

白玉与彩宝镶嵌式项链画法

项链的配链除了中规中矩地挂在两边，还可以设计出灵动的造型。本节介绍一款白玉与彩宝镶嵌式项链的绘制。

工　具：自动铅笔、水粉/水彩颜料、画笔勾线笔、 高光白颜料、黑色圆珠笔	使用颜色：

步骤分解：

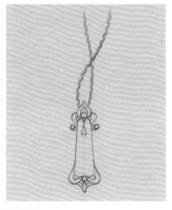

Step 01 用自动铅笔起稿，画出项链造型，沿着"8"字形路径画出配链。

Step 02 金属用黄色加橘黄色调和平铺底色，局部暗面调和赭石或熟褐加深，钻石用灰色平涂，中间彩宝分别用玫红色和绿色平涂。

Step 03 用黑色圆珠笔修饰造型并画出小钻，小钻用灰色平涂。

Step 04 用白色概括地画出高亮的区域，用简单的线条概括画出宝石的刻面。

Step 05 金属部分用柠檬黄色叠加。

Step 06 根据白玉形体画出明暗和高光，为宝石加上"米"字形的发光效果，完成绘制。

6.2.4 项链绘制技法总结

项链作为珠宝里最常见的款式,经常出现在珠宝手绘当中。一般商业款项链(体量感较小,多指带有配链的项链),需要画出金属配链,它的画法和之前单独讲的链子画法不一样。由于实际手绘都是按与实物 1:1 的比例画出来的,所以配链非常小。这就要求我们不能像之前练习画链子那样仔细,要"概括"地把握整体的明暗,把明暗颜色区分好。其实,这种方法基本的立体效果是有的,剩下就是稍微增加点细节,比如,把形状勾勒得更严谨,使色彩过渡得更细腻等。

如果是造型比较夸张、独特,特别是作为形象款呈现的项链,那就要整个造型都画出来,如后文展示的大件款项链。无论是相对简单的商业款,还是偏艺术的设计款,手绘步骤都是:起稿—铺色—画细节—调整加高光。项链造型复杂的手绘,无非就是在起稿的时候多花些时间,按照设计想法去绘制造型,并且在上色的时候多增加一些内容而已。

由于项链的款式复杂多变,手绘时要谨记绘图步骤,适当地灵活应变。言语的表述是轻松的,最重要的还是要多花时间去练习,领悟其中的道理。

6.2.5 项链作品欣赏

6.3 戒指效果图绘制

6.3.1 戒指基本表达与绘制技巧

戒指基本表达

在各类珠宝中，戒指看似简单，但其实是最难表现的一类。戒指虽小，却涉及客观存在的透视问题，想画好一枚戒指，除了应用之前讲的透视原理，还要结合它的款式造型和细节绘制，是需要花时间去研究和练习的。

先把戒圈概括成一个圆形。尝试观察生活中圆形的物体：圆形的杯口、圆形的盘子、圆形的桌面等。通过俯视或稍微倾斜地观察，会发现它们会随着角度的变化而变成不同宽窄的椭圆形，也就是视觉上看到的透视变化。画戒指也是这样的，去掉依附在戒指上的繁杂的金属造型、宝石，纯粹保留一个戒圈圆环，它也会根据观察角度的不同，呈现出不同大小的圆形或椭圆形透视。因此，概括地说，戒圈就是一个多变的"圆"。

圆在不同角度下的形状

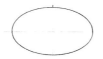

Step 01 用自动铅笔起稿，画出十字辅助线定位。

Step 02 用宝石模板在辅助线中间画出椭圆形（这一步是画出戒指在某一角度下呈现的透视形状）。

Step 03 在椭圆形两边画出戒指透视的辅助线（透视一般为"前大后小"，但由于戒指体量比较小，透视不会太明显，透视线可以趋于平行）。

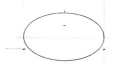

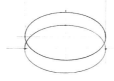

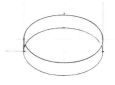

Step 04 确定戒圈的宽度（如戒指宽：4mm）并在椭圆形上方或下方作宽度（4mm）水平线，用三点在椭圆形上作距离(4mm)标记。

Step 05 继续用宝石模板在标记的三点上画出椭圆形。

Step 06 连接两个椭圆形。

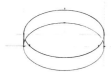

Step 07 在其中一个椭圆形里面根据戒圈的厚度左右各定一个点。

Step 08 将两点连接成内部的椭圆形，并画出戒圈内壁，完成绘制。

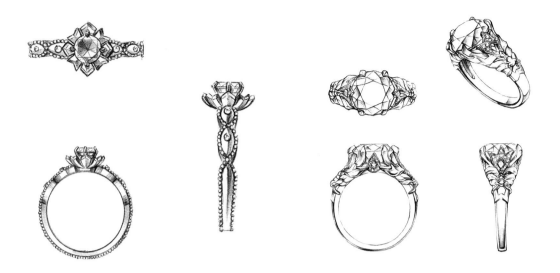

戒指三视图示例

我们需要通过大量的观察和练习才能对戒指结构有直观的认知和理解。平时可以多练习不同角度的戒圈，这对画透视效果来说也是很好的训练。

不同透视角度的戒圈练习

戒指没有固定的形状、大小、宽窄，不能通过死记硬背一些数据去画戒指。但是以上罗列的步骤是可以很好地帮助我们去画一枚完整的戒指。只有练习好戒圈的画法，才能攻克不同款式戒指的手绘。

6.3.2 戒指绘制——星形花卉戒指实物转手绘

戒指画法 1

通过将实物转化成手绘图的方式，可以帮助我们练习戒指的画法。前面讲过，画戒指最重要是概括出戒圈的透视形状，因此在前期先忽略掉细节。

实物图片来自 Louis Vuitton 的星形花卉戒指——玫瑰金镶嵌钻石，将花瓣设计为纤细的橄榄形轮廓，中心的花蕊是一颗弧面金珠。

工　　具：自动铅笔、水粉／水彩颜料、画笔　勾线笔、高光白颜料、黑色圆珠笔	使用颜色：

倾斜角度依据：以实物图片视角看戒圈的最大直径为倾斜辅助线角度

步骤分解：

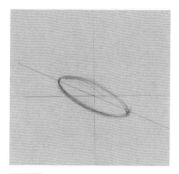

Step 01 首先在纸上用自动铅笔轻轻地画出十字架，确定戒指位置，并根据实物戒圈的倾斜角度用辅助线表示出来，概括出戒圈透视的椭圆形。

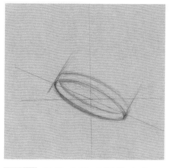

Step 02 沿着戒指透视的方向画出戒圈两边的透视线，平移椭圆形，画出基本的戒圈形态。

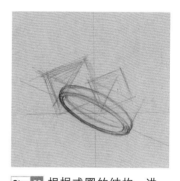

Step 03 根据戒圈的结构，进一步刻画，画出完整的戒圈，从戒圈延伸出"星形花朵"的位置，用几何图形概括大小。

Step 04 画出星形花朵，观察实物图片可知戒圈略微错开，微调出错开的戒臂，戒指的基本形态就呈现出来了。

Step 05 修整造型细节，擦去草稿线，至此，戒指的起稿完成。

Step 06 上色：整体用肤色平铺，在形状的侧面、交接位置用肤色调和赭石或熟褐加深，分出基本的明暗关系。

Step 07 用黑色圆珠笔修正造型并画出小钻等细节，用高光白颜料概括出高亮的区域和小钻结构。

Step 08 用肤色加白色和肤色加赭石或熟褐调出的浅色和深色，画出玫瑰金的颜色渐变。

Step 09 调整戒指细节，用高光白颜料画出很细小的"米"字形发光效果，完成绘制。

　　戒圈不只有圆形，遇到错臂或其他造型的戒圈，同样是先把最基本的环状透视完成再进行改变。

6.3.3 戒指绘制二——鸡尾酒主题戒指实物转手绘

戒指画法 2

下面继续以实物转手绘的方法来练习戒指的画法。

实物图片来自 Harry Winston，主石为锰铝榴石，周围镶嵌水滴形绿松石和圆钻。

工　　　具：自动铅笔、水粉／水彩颜料、	使用颜色：
画笔勾线笔、高光白颜料、	
黑色圆珠笔	

以实物图片视角看戒圈的最大直径为倾斜辅助线角度

步骤分解：

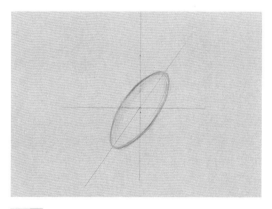

Step 01 在纸上用自动铅笔轻轻地画出十字形辅助线确定戒指位置，并根据实物戒圈的倾斜角度用辅助线表示出来，概括出戒圈透视的椭圆形。

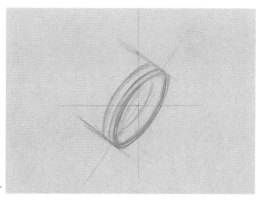

Step 02 沿着透视的方向画出透视线，将椭圆形平移，画出戒圈的基本形态。

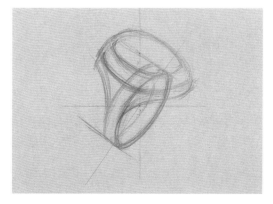

Step 03 根据实物造型，用简练的线条大致概括出配石和主石形状。

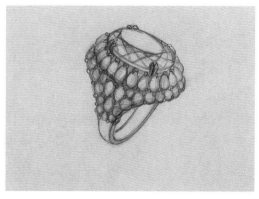

Step 04 来回比对实物，继续补充造型细节，画出主石透视的刻面、爪镶的结构和配石等，完成起稿。

 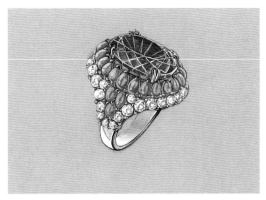

Step 05 用实物材质相同的颜色平铺底色，主石用橙色和大红色调和，绿松石用天蓝色打底，金属和配钻用灰色打底。

Step 06 依次画出金属的颜色渐变，配钻用高光白颜料概括地勾勒出结构和明暗，整体调亮松石左上部，画出光泽，再用白色画出主石刻面结构。

Step 07 完整画出主石的立体效果，用高光白颜料加上发光效果，完成绘制。

"化繁为简"是在绘画中常用的技巧。戒指，可以将其概括成由基本的戒圈加上其他造型部件组成的物体。画的时候先从戒圈开始，要往整体拓展，有了前面准确的透视比例，才有后面最好的画面效果呈现。

6.3.4 戒指绘制三——花形主题实物转手绘

戒指画法 3

本节再来练习一个造型更加复杂的花形主题戒指的画法。

实物图片来自 Chopard 的菊花主题戒指，戒指中央镶嵌欧泊主石，周围环绕用钛金属打造的花瓣细丝，表面镶嵌钻石，戒托镶嵌翠柳石、沙弗莱石和黄色蓝宝。

工　　具：自动铅笔、水粉/水彩颜料、画笔勾线笔、高光白颜料、黑色圆珠笔	使用颜色：

步骤分解：

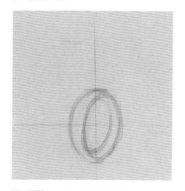

Step 01 用自动铅笔轻轻地画出十字形辅助线，概括出戒圈透视的椭圆形，用较轻的线画出戒圈的基本形态。

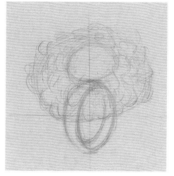

Step 02 用简单随性的线条先概括地画出花朵的细节。

Step 03 比对实物造型，细化局部细节，修整整体造型，完成起稿。

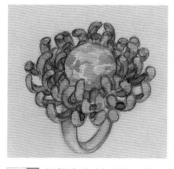

Step 04 根据实物材质的颜色，用蓝色和绿色画出钛金属，用肤色画戒圈底部内壁，用黄绿色渐变概括地画出宝石外圈的颜色，用蓝色和蓝绿色先概括出主石欧泊的基本色调。

Step 05 用黑色圆珠笔画出小钻细节，并修正戒指造型。

Step 06 用高光白颜料画出小钻轮廓及高光。

Step 07 继续调整整体颜色，使其前后
有轻重变化，后面做虚化处理（用色
较轻和淡），根据实物继续添加欧泊
颜色。

Step 08 用高光白颜料画出欧泊高光，局部加上发光效果，完成绘制。

即使是戒圈被严重遮挡的款式，也要先从戒圈开始起稿，这样有助于推断每个局部的造型比例。
另外，太多小钻容易使得画面花哨，所以处理整体效果时可以做一些空间变化，例如前后虚实的
对比等。

6.3.5 戒指三视图画法

戒指三视图画法详解

三视图又称工程制图，简单来说就是当把设计付诸到制作时，绘制工程制图可以剖析产品的不同角度，有助于完整地制作出符合要求的产品。三视图包括：俯视图、正视图和侧视图。效果图一般做展示用。

通过戒指三视图的讲解，大家可以学习不同角度的戒指画法，举一反三，手镯也是同样的画法。

工　　具：普通白纸、自动铅笔、黑色圆珠笔

步骤分解：

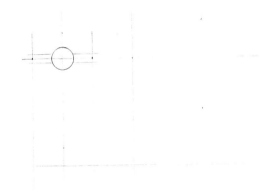

Step 01 用自动铅笔在白纸上轻轻地画出中线，在中线两边画出竖线，并上下画出横线。

Step 02 俯视图：在井字格左上角十字交叉位置画出主石正面形状。

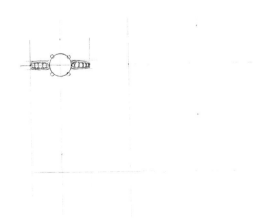

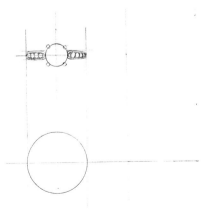

Step 03 确定戒指的宽度，并在十字形辅助线两边对半定点。

Step 04 确定戒圈的宽度尺寸，以中间横线为轴，上下画出宽度对半的辅助线。

Step 05 补充细节：画出镶嵌的宝石、爪子等。

Step 06 绘制正视图，从俯视图的戒宽两边往下延伸辅助线，借助宝石模板在十字形中间画出戒圈。

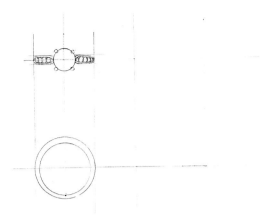

Step 07 确定戒圈底部最窄的距离，用宝石模板画出戒指内圈。

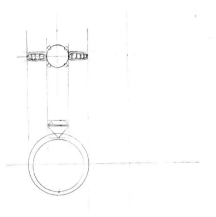

Step 08 确定主石在正视图视角下的位置：可以从俯视图的主石对应尺寸往下画出辅助线进行定位，画出主石侧面形状。

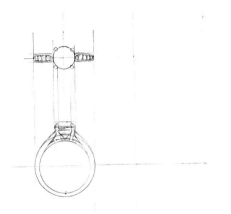

Step 09 补充细节，如侧面看到的爪镶结构和戒圈结构细节等。

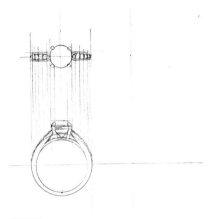

Step 10 戒臂的小钻需要从俯视图中每颗小钻对应的位置画出辅助线，并画出稍微凸起的侧面小钻。

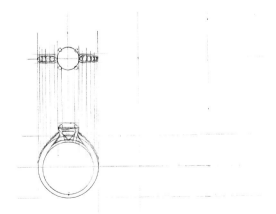

Step 11 画侧视图：从正视图戒圈上下水平往右边画横线。

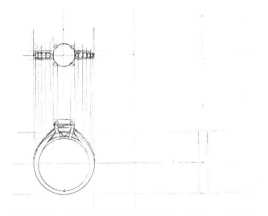

Step 12 以中线为轴定好戒臂宽和高的尺寸（注意戒臂的宽度和高度在每个角度都是一一对应的）。

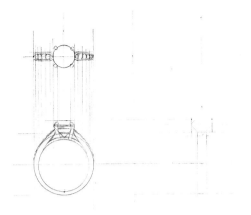

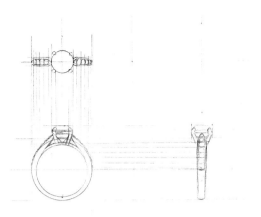

Step 13 和正视图一样，确定主石的位置，可以从正视图拉出辅助线帮助完成这一步。

Step 14 绘制细节，包括镶嵌结构和戒臂的细节，小钻的位置和正视图一一对应，可以拉出辅助线帮助确定位置。

Step 15 用黑色圆珠笔把结构重新勾勒严谨、清楚。

Step 16 擦掉铅笔痕迹，完成三视图，还可以补充一个效果图，令工程制图更加完整。

　　工程制图除了绘制三视图，送到工厂制作前还需要标出关键尺寸，比如手寸、主石大小、戒臂厚度等。另外，还要注明工艺、材质等，这样才能最大限度地制作出符合设计的产品。手镯的三视图绘制步骤亦如此，不多赘述，根据以上步骤练习手镯三视图即可。

手镯效果图绘制

6.4.1 手镯透视画法详解

　　手镯其实就是放大版的戒指，可以参考之前讲的戒指透视画法，步骤类似，只是尺寸变大了，将之前讲的透视原理，应用到实际练习中即可。

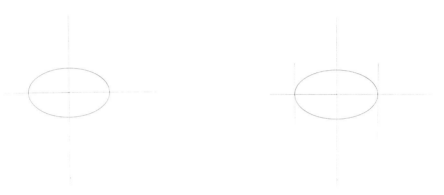

Step 01 先用自动铅笔在纸上轻轻地画出十字形辅助线，并在中点左右量出手镯半径，用椭圆形模板画出手镯透视图形（宝石的椭圆模板的椭圆形角度是有限的，需要表现更大的透视效果只能通过徒手画出）。

Step 02 在椭圆形两边画出手镯透视的辅助线（透视线可以趋于平行）。

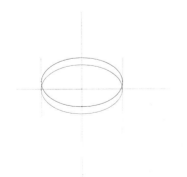

Step 03 在透视线上沿着竖直方向，往上或往下平移，再画出椭圆形，平移距离为实际手镯的宽度。

Step 04 连接手镯两边的宽度。

Step 05 在上面的椭圆形中预留手镯厚度，画出手镯的内圈，注意前面较宽，后面较窄（前大后小的透视关系），并调整内壁的透视关系。

Step 06 用黑色圆珠笔重新勾勒手镯造型，擦除铅笔线稿，完成绘制。

　　和练习戒指一样，多徒手练习绘制手镯的透视图，可以加深对手镯不同角度结构的认知。不过因为手镯的体量比戒指大，所以徒手画不同角度圈号的难度也增加了不少，但这也是设计师需要克服的。

手镯不同角度的透视练习

　　透视是微妙而复杂的，尺子的形状是有限的，而且尺子一般画出来会稍显僵硬。当画手镯和戒指的透视图时，想要画更大的尺寸或画其他角度，宝石椭圆模板也没有更多的选择，所以多动手练习画透视图还是很重要的，不要太依赖尺子。

6.4.2 手镯绘制———缠绕绳索造型手镯实物转手绘

手镯画法 1

手镯是放大版的"戒指"，所以通过实物转手绘的方式来练习手镯的绘图也是一种比较有效的学习方法，可以快速帮助我们理解手镯不同角度的结构。

实物图片来自 Piaget 的缠绕绳索造型手镯。简单的交错将手镯的两端自然衔接，象征情侣之间的情感纽带。

工　　具：自动铅笔、水粉/水彩颜料、画笔 　　　　　勾线笔、高光白颜料、黑色圆珠笔	使用颜色：■

步骤分解：

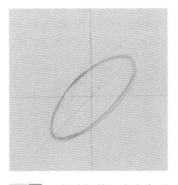

Step 01 用自动铅笔画出十字形辅助线，确定手镯位置，勾勒出手镯的透视形状。

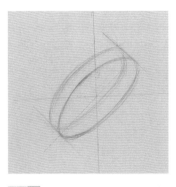

Step 02 沿着透视的方向（手镯宽度）画出透视线，平移椭圆形得到基本的手镯形态。

Step 03 根据实物形状画出手镯交错缠绕的造型。

Step 04 比对实物图，修正造型，并把草稿线擦掉，完成起稿。

Step 05 上色：整体平铺灰色，手镯厚度用深灰色画出。

Step 06 用黑色圆珠笔画出手镯细节，包括小钻、金属爪子等。

Step 07 把手镯整体画亮：用白色简单地画出小钻的高光，用深浅灰色画金属色的过渡，随着环状结构变化，交接位置较深。

Step 08 调整画面效果，用白色画出"米"字形发光效果，完成绘制。

6.4.3 手镯绘制二——玫瑰金钻石手镯

手镯画法2

工　　具：自动铅笔、水粉/水彩颜料、画笔勾线笔、高光白颜料、黑色圆珠笔	使用颜色：

步骤分解：

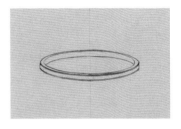

Step 01 起稿：用自动铅笔画出透视效果的手镯基本造型。

Step 02 玫瑰金部分选用肤色平铺，于手镯中间镶钻部分，可以用灰色进行铺色。

Step 03 用黑色圆珠笔修饰造型，用白色勾勒出梯方钻结构，粗略地画出金属颜色层次：手镯内壁用肤色加赭石表现，暗部用熟褐加深玫瑰金上色，中间位置用白色加肤色调亮。

Step 04 调整金属颜色过渡，增加玫瑰金颜色的层次。

Step 05 画出每颗梯方钻的明暗——从整体上看手镯中间位置较亮，两边转折的位置较暗，完成绘制。

6.4.4 手镯绘制三——珐琅钻石手镯

手镯画法3

工　　具：自动铅笔、水粉/水彩颜料、画笔勾线笔、高光白颜料、黑色圆珠笔	使用颜色：

步骤分解：

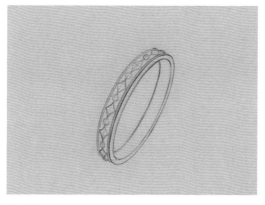

Step 01 用自动铅笔起稿，画出有透视效果的手镯，菱形的装饰要根据手镯的透视变化形状。

Step 02 黄色金属用柠檬黄和中黄色调和铺色，珐琅用群青色加普蓝色平铺，钻石用灰色平铺。

Step 03 简单地画出颜色的深浅，并用黑色圆珠笔勾勒造型。

Step 04 用白色概括地画出高亮的区域。

Step 05 调整画面细节，绘制金属渐变。

Step 06 用白色画出"米"字形发光效果，完成绘制。

6.5 手链效果图绘制

6.5.1 手链绘制一——黄色金属紫水晶手链

手链画法 1

手链的形态有很多，我们可以根据拍摄展示作品的角度去"摆放"手链的造型，如 S 形。本节练习绘制一条紫水晶镶嵌红色宝石的黄色金属手链。

工　　具：自动铅笔、水粉／水彩颜料、画笔 勾线笔、高光白颜料、黑色圆珠笔	使用颜色：

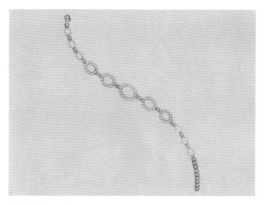

Step 01 起稿：用自动铅笔在纸上沿着 S 形的路径画出手链造型。

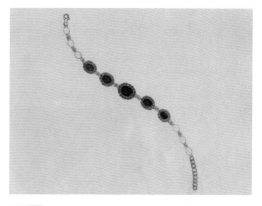

Step 02 金属部分用柠檬黄加中黄色调和出的黄色平铺底色，主石紫水晶用紫色平铺，配石用大红色平铺。

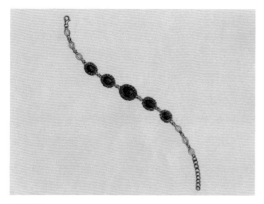

Step 03 用黑色圆珠笔勾勒手链造型及细节。

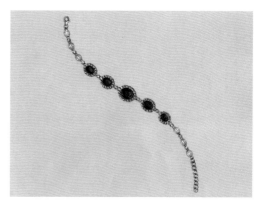

Step 04 用白色加柠檬黄调出浅黄色画出金属亮部，暗部用黄色、赭石和熟褐调和加深，调和红色和白色画出配石亮部，用紫色加普蓝色加深紫水晶的暗部。

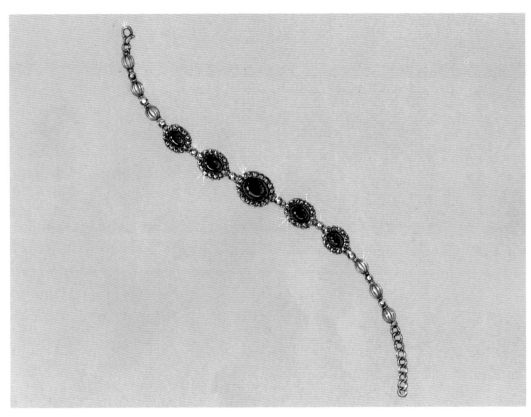

Step 05 调整画面细节，使黄色的过渡表现得立体、自然，红色配石里局部加深红色刻画暗部，用高光白颜料画出紫色宝石高光，并加上发光效果，完成绘制。

6.5.2　手链绘制二——白色金属彩色宝石手链

手链画法 2

除了把手链摊开摆放，在展示产品时，也可以把手链系起来围成一个"圈"来展示。本节练习绘制一条彩色宝石的白色金属手链。

工　　具：自动铅笔、水粉 / 水彩颜料、画笔勾线笔、高光白颜料、黑色圆珠笔	使用颜色：

步骤分解：

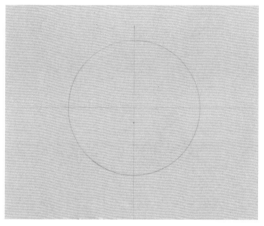

Step 01 用自动铅笔起稿，在卡纸上先轻轻地画出十字形辅助线，根据手链半径借助圆规画出手链的圆形路径。

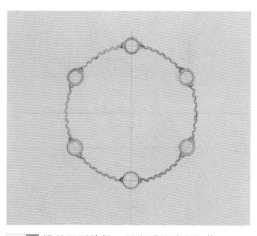

Step 02 沿着圆形路径，画出手链造型细节。

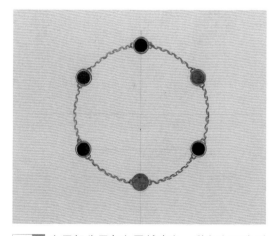

Step 03 金属部分用灰色平铺底色，彩色宝石分别用绿色、橙色、玫红色、蓝色和紫色平铺。

Step 04 用高光白颜料概括出金属链子的高光区域。

Step 05 绘制彩色宝石明暗关系，画出下面吸铁扣上的小钻，根据球体从左上到右下画出明暗变化。

Step 06 继续调整画面，继续为白色金属增加灰色层次，用高光白颜料画出宝石高光和"米"字形发光效果，完成绘制。

6.5.3 手链绘制三——红色金属手链

手链画法 3

手链还可以用明显的透视立体图来展示，本节以一条玫瑰金手链为例介绍这种角度的绘制技法。

工　　　具：自动铅笔、水粉/水彩颜料、画笔勾线笔、高光白颜料、黑色圆珠笔	使用颜色：

步骤分解：

Step 01 用自动铅笔起稿，在纸上轻轻地画出十字形辅助线，在左右两边量出手链半径，画出椭圆形路径，并画出手链细节。

Step 02 金属部分用肤色平铺底色，给珍珠平铺灰色，主石为橙色，周围一圈配石为玫红色。

Step 03 用白色概括出金属的高光区域，用白色加橙色画主石结构及高光和反光，用白色加玫红色画出配石高光。

Step 04 用黑色圆珠笔严谨地勾勒链子，增加珍珠和主石周围一圈配石的明暗效果。

Step 05 用白色加橙色画主石亮部刻面，用橙色加赭石和熟褐调出深色画暗部，用高光白颜料画出"米"字形发光效果，完成绘制。

耳饰效果图绘制

耳饰介绍

常见耳饰包括：耳坠、耳环、耳钉、耳夹、耳线等。随着珠宝款式的不断创新，市场上涌现出许多新型的耳饰，如耳钉和项链连成一体的、头箍和耳坠成套的等。耳饰配件为耳背，也称耳堵。下面简单介绍耳饰的常见分类。

耳坠：带有下垂饰物的耳饰。

耳环：通过在耳珠（或耳骨、耳门、耳内侧等）的穿洞来勾住耳朵的环形耳饰。

耳钉：比耳环小，形如钉状。一般需穿过耳洞才能戴上，耳垂前边是耳钉造型，耳垂后边是耳背。

耳夹：耳夹是通过夹子夹稳耳朵来佩戴的耳饰。一般没有耳洞的人可以戴耳夹。

耳线：近年来市场上流行的耳饰，用一根细长的链子穿过耳洞，可以随意调节链子长度。

耳饰样式变化多端，颜色多种多样，除了常规的金银贵金属，合金、钢、铜也常作为配饰出现，使耳饰更加争奇斗艳。

耳饰一般的手绘表现是画正面效果图即可，若有特殊设计侧面也可以补充侧面结构视角。

6.6.1 耳饰绘制一——自然世界主题耳钉实物转手绘

耳钉画法 1

练习耳钉的画法，也是通过实物转手绘的方法，帮助我们快速地理解耳钉结构。耳钉结构品种繁多，需要多观察、多练习。本节以实物转手绘的方法来介绍耳钉的绘制技法。

如右图所示，这款耳钉主石为两颗切割的绿色碧玺，主石边缘围绕着一条铂金制作的金鱼——头部由钻石立体镶嵌，鱼鳞铺排电光蓝绿色的帕拉伊巴碧玺，鱼鳍雕刻纤细纹路，鱼尾采用镂空设计。

实物转手绘的练习，可以 1:1 的比例复原原作，也可以在细节上加入自己的想法进行修改，这款实物的转手绘练习，我把主石由绿色碧玺改为祖母绿宝石。

（实物图片为 Tiffany 高级珠宝）

工　具：自动铅笔、水粉/水彩颜料、画笔勾线笔、高光白颜料、黑色圆珠笔

使用颜色：

步骤分解：

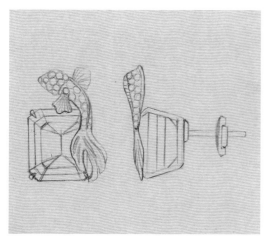

Step 01 根据实物起稿，为了帮助大家了解耳钉结构，补充了侧视图，注意侧视图细节比例与主视图一一对应。

Step 02 根据每部分材质的颜色对应铺一遍基本色：主石用草绿色调和深绿色作底色，金鱼整体用灰色铺底，鱼身用白色加天蓝色调出浅蓝色作底色。

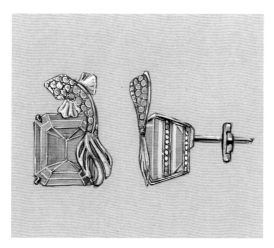

Step 03 用黑色圆珠笔勾勒整体造型细节，画出小钻，用白色概括出高光区域，祖母绿结构用白色加绿色调出浅绿色进行勾勒。

Step 04 绘制鱼身上的细节，根据形态的立体变化，区分宝石和金属的明暗，加入普蓝色调深颜色画电光蓝绿色的帕拉伊巴碧玺的局部，鱼鳍和鱼尾用深浅灰色画出立体效果。

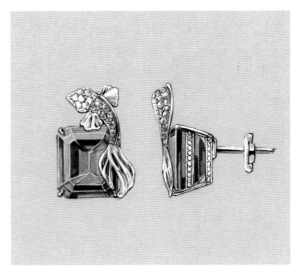

Step 05 根据祖母绿画法为主石完整地上色，加强暗部颜色，突出立体感。

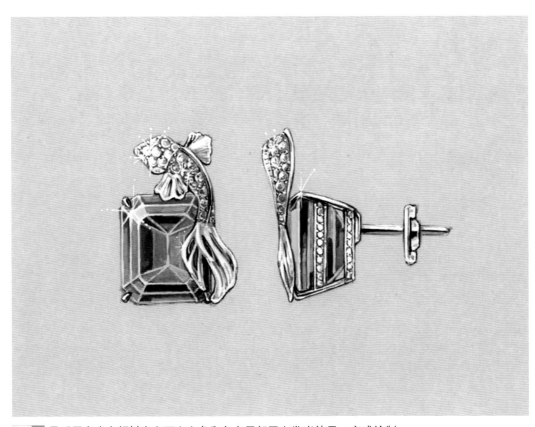

Step 06 最后用高光白颜料在主石左上角和鱼身局部画上发光效果，完成绘制。

6.6.2 耳饰绘制二——蓝玉髓耳钉实物转手绘

耳钉画法 2

下面继续以实物转手绘的方法来练习另外一款不同材质的耳钉的画法。

实物图片来自 Dior 玫瑰造型耳环。

工 具：自动铅笔、水粉/水彩颜料、画笔勾线笔、高光白颜料、黑色圆珠笔	使用颜色：

这对玫瑰造型耳环采用蓝玉髓来呈现浅蓝色玫瑰绽开的姿态。其中一朵玫瑰搭配镂空叶片，另一朵玫瑰的花瓣上则飞舞着一只以小颗钻石点缀的金色蜜蜂。

步骤分解：

Step 01 根据实物造型在卡纸上起稿，不要用硫酸纸拓印，起稿练习非常重要。

Step 02 根据不同材质的颜色，为每个部分对应铺一遍基本色，叶子和蜜蜂用黄色和橘黄色调和出黄色进行平铺，并在局部加深，花朵用白色加天蓝色平铺，注意不要覆盖结构线。

Step 03 用黑色圆珠笔勾勒出金属部分的形态并画出蜜蜂的小钻和爪子，再用高光白颜料概括出两只耳钉的高亮区域。

Step 04 用黄色叠加叶子和蜜蜂造型，小钻里加入深灰色表现刻面的深浅。

Step 05 调整细节，玫瑰花用浅蓝色覆盖，将颜色调得稀薄一点，体现材质的通透感。

Step 06 整体调整，为花瓣加白色逐一体现层次，用高光白颜料画出高光和发光效果，完成绘制。

　　有时，手绘效果图是对实物的"润色"，可以表现得比实物更好，比如宝石上的瑕疵，在画效果图的时候可以忽略，尽量完美地体现画面效果。

6.6.3 耳饰绘制三——原创祖母绿耳坠

耳钉画法 3

工　　具：自动铅笔、水粉／水彩颜料、画笔勾线笔、 　　　　　高光白颜料、黑色圆珠笔	使用颜色：

步骤分解：

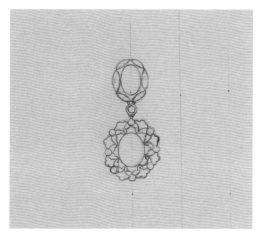

Step 01 用自动铅笔起稿，先在纸上画出一只耳坠。

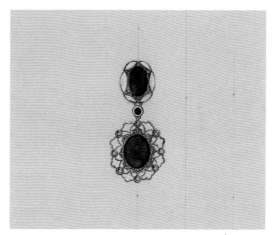

Step 02 用绿色、黄色和玫红色分别平铺不同材质的底色，并用黑色圆珠笔勾勒造型细节。

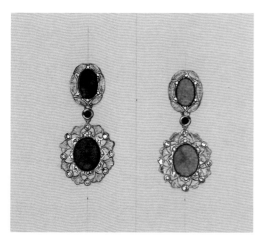

Step 03 塑造小钻和拉丝肌理，并用硫酸纸拓印出另外一只耳坠。

Step 04 另外一只耳坠的上色进度跟上，保持两只耳坠的进度一样，开始绘制主石颜色层次。

Step 05 调整整体画面效果，为主石画出深浅变化。

Step 06 用高光白颜料画出高光和发光效果，完成绘制。

6.6.4 耳饰绘制四——珍珠耳夹

耳夹画法

工 具：自动铅笔、水粉/水彩颜料、画笔勾线笔、高光白颜料、黑色圆珠笔	使用颜色：

步骤分解：

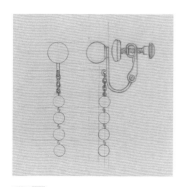

Step 01 用自动铅笔起稿，画出耳夹款式的正侧面，对耳夹结构不了解的读者可以通过网络搜索图片的方式观察结构细节。

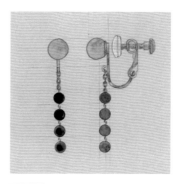

Step 02 金属部分用柠檬黄、橘黄、赭石和熟褐等调和出不同深浅的黄色，画出金属的颜色深浅，珍珠分别平铺灰色和深绿色，耳夹背后的硅胶耳堵用黄色和浅灰色先概括出来。

Step 03 用黑色圆珠笔修饰造型细节，用高光白颜料概括画出高光区域。

Step 04 绘制耳夹金属的渐变：用柠檬黄、土黄色等深浅色画出金属光面质感。

Step 05 完整地画出白珍珠和黑珍珠，耳堵边缘用白色勾勒，画上发光效果，完成绘制。

6.6.5 耳饰绘制五——原创月光石耳线

耳线画法

工　　具：自动铅笔、水粉/水彩颜料、画笔勾线笔、高光白颜料、黑色圆珠笔	使用颜色：

步骤分解：

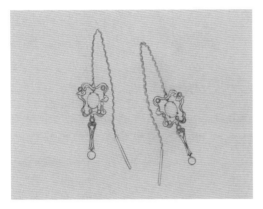

Step 01 用自动铅笔起稿，画出一个耳线，再用硫酸纸拓印出对称的另一个，线的造型左右两边可以有些变化，让画面看起来生动。

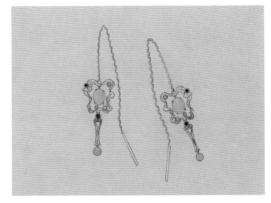

Step 02 根据金属和宝石的颜色，为每个部分对应铺一遍基本色，金属用柠檬黄和橘黄色的调和色表现，主石月光石用白色和天蓝色的调和色表现，配饰小钻、珍珠和红宝石分别用灰色和红色打底。

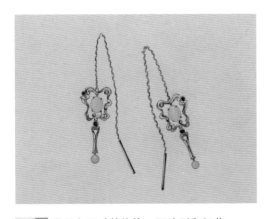

Step 03 用黑色圆珠笔修饰一下造型和细节。

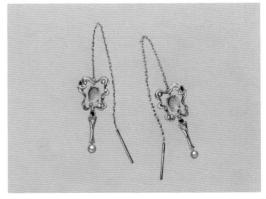

Step 04 依次画出祥云等形状的金属的颜色层次，亮部加柠檬黄调亮，暗部用黄色加赭石、熟褐加深，用珍珠明概括出整体的明暗，适当地加入粉色和蓝色，月光石用深蓝色画出渐变。

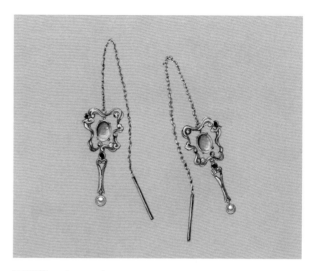

Step 05 月光石用浅黄色画出反光，画出珍珠的效果。

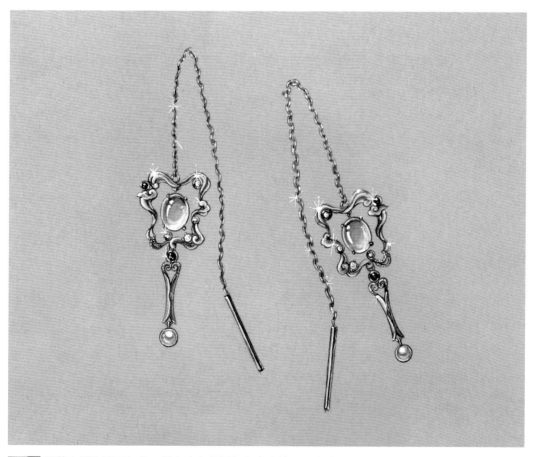

Step 06 调整金属和配石细节，用高光白颜料加上发光效果，完成绘制。

胸针效果图绘制

胸针又称胸花，是一种佩戴在胸前或领子上的饰品。一般为金属质地，可以用做纯粹装饰或兼有固定衣服（例如长袍、披风、围巾等）的功能。胸针的尺寸是不固定的，可以根据款式、材质、制作成本等来决定，并且胸针背面针的固定和设计也很重要的。

绘制胸针，一般画正面效果图即可，同时也可以补充侧面结构，使画面更加完整。胸针款式丰富，结构多样。建议大家有时间可以多浏览相关的网页，关注一些珠宝品牌，了解更多的胸针款式和结构。

6.7.1 胸针绘制一——原创天马造型胸针

胸针画法 1

工　　具：自动铅笔、水粉／水彩颜料、画笔勾线笔、高光白颜料、黑色圆珠笔	使用颜色：

步骤分解：

Step 01 用自动铅笔起稿，画出天马造型。

Step 02 整体用柠檬黄和橘黄色调和出的黄色平铺，用土黄色概括地画出天马身体的暗部，镶钻的区域叠加灰色，用黑色圆珠笔修饰造型。

Step 03 用黑色圆珠笔画出小钻细节，用高光白颜料概括出高光区域。

Step 04 根据形态的立体变化，叠加黄色，暗部黄色加赭石、熟褐加深，翅膀局部绘制拉丝效果。

Step 05 调整画面细节，金属颜色过渡要更加自然，增强天马身体的立体感。

Step 06 用高光白颜料画出高光区域和局部发光效果，完成绘制。

6.7.2 胸针绘制二——原创花卉宝石胸针

胸针画法2

工　　具：自动铅笔、水粉/水彩颜料、画笔 勾线笔、高光白颜料、黑色圆珠笔	使用颜色：

步骤分解：

Step 01 用自动铅笔起稿，画出花朵造型的胸针，镶嵌的爪子也要表现出来。

Step 02 金属部分平铺黄色，珍珠部分平铺灰色，"花瓣"部分镶嵌的绿色宝石，平铺用柠檬黄和草绿调和的绿色。

Step 03 用白色概括出珍珠的高光区域，用黑色圆珠笔修饰胸针形体，用深黄色画出叶子暗部。

Step 04 调整整体画面，粗略地概括出绿色宝石明暗，金属部分根据形体起伏先用白色画出亮部。

Step 05 继续调整画面细节，枝干和叶子的黄色过渡要更加自然，绿色宝石处随性添加几笔墨绿色，增加颜色层次。

Step 06 用高光白颜料画出高光，完成绘制。

　　我们在画成品的时候，表现手法可以相对概括和轻松，如素面宝石就没有按正常的光绘制渐变，还大胆地添加了几笔深色，目的也是让宝石更通透、更好看，形式可以不用太拘泥。

6.7.3　胸针绘制三——原创兰花造型胸针

胸针画法 3

工　　　具：自动铅笔、水粉 / 水彩颜料、画笔、勾线笔、高光白颜料、黑色圆珠笔	使用颜色：

步骤分解：

Step 01 用自动铅笔起稿，画出兰花造型的胸针，枕形和水滴形的主石用宝石模板描出轮廓，注意画出镶嵌的爪子。

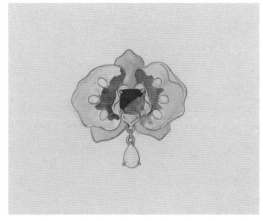

Step 02 根据胸针的色彩搭配，概括地平涂一遍每个部分所对应的颜色。

Step 03 用黑色圆珠笔画出小钻，修饰整体造型和细节，用高光白颜料概括出宝石的高亮区域，并点出小钻镶嵌的爪子。

Step 04 调整花瓣上小钻颜色的深浅变化，暗部的宝石局部加深颜色，点缀的粉色宝石用玫红色画出来。

Step 05 继续调整画面细节，用白色加玫红色勾勒粉色宝石的亮部，用白色画出小钻亮部。

Step 06 分别完成枕形和水滴形宝石高光，完善主石细节，加上发光效果，完成绘制。

　　镶嵌款首饰绘制的难点在于，小配石太多，如何不让画面变"花"。这就要求在画的过程当中不断调整细节，勾勒每个局部的形体细节等。

6.7.4 胸针绘制四——原创男士狮头造型胸针

胸针画法 4

工　　具：自动铅笔、水粉/水彩颜料、画笔勾线笔、高光白颜料、黑色圆珠笔	使用颜色：

步骤分解：

Step 01 用自动铅笔起稿，画出狮子造型的胸针，眼睛和嘴巴的位置预留宝石形状。

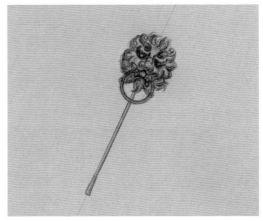

Step 02 整体用柠檬黄和橘黄色调和，为金属部分平涂黄色。

Step 03 用白色概括出高光区域，用绿色和红色分别画出狮子眼睛和嘴里的宝石。

Step 04 狮子的脸部比较复杂，分析整体造型细节的明暗分布，用黄色加赭石和熟褐调出深色，画出暗部。

Step 05 绘制狮子眼睛和嘴里衔着的宝石细节。

Step 06 为金属整体覆盖一遍柠檬黄色，使原本"暗沉"的颜色亮起来，用白颜料画上发光效果，完成绘制。

6.8 领带夹效果图绘制

领带夹是为了使领带保持贴身、下垂的服饰用品。领带夹可以彰显男士的绅士风采和品位，展现出现代人的时尚。穿西服的场合经常要带领带夹，它可以起到很好的装饰作用。领带夹的参考尺寸：长40~50mm，宽6~8mm。

领带夹和袖扣是男士的主要饰品。袖扣的款式相较胸针而言比较单一。可以通过观察实物或者图片去了解它们的结构和造型。绘制领带夹，一般画正面效果图即可，同时也可以补充侧面结构，使画面更加完整。

6.8.1 领带夹绘制一——白色金属造型领带夹

领带夹画法1

领带夹有很多款式，一般设计图只需要画正面即可，也可以画正、侧面两个视角，使表现更加完整。本节练习一款白色金属领带夹的画法。

工　　具：自动铅笔、水粉/水彩颜料、画笔勾线笔、高光白颜料、黑色圆珠笔	使用颜色： ■

步骤分解：

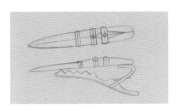

Step 01 用自动铅笔起稿，画出领带夹正面、侧面造型结构。

Step 02 用白色和不同比例的深灰色调出深浅不一的灰色，根据造型的起伏粗略地画出深浅变化。

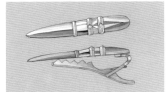

Step 03 用黑色圆珠笔修饰形体结构，画出金属中间光面强烈的反光。

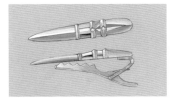

Step 04 调整每个局部的灰色渐变，使其过渡更加自然。

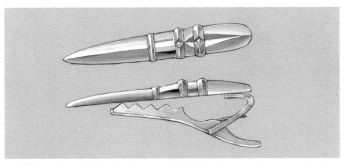

Step 05 继续调整颜色渐变细节，再强调金属明暗对比，完成绘制。

对领带夹侧面结构不了解的读者，可以多搜索图片浏览更多款式，加深对结构的理解。

158

6.8.2 领带夹绘制二——蓝宝石领带夹

领带夹画法 2

工　　具：自动铅笔、水粉 / 水彩颜料、画笔勾线笔、高光白颜料、 黑色圆珠笔	使用颜色：

步骤分解：

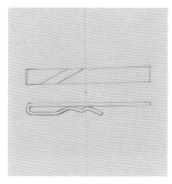

Step 01 用自动铅笔起稿，画出领带夹的造型及侧面结构。

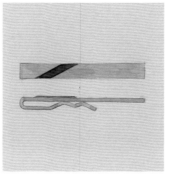

Step 02 为金属部分平铺一遍较薄的灰色，在蓝色宝石的区域平铺蓝色。

Step 03 用圆珠笔修饰造型，画出蓝宝石的正面结构，并用白色概括出金属高光区域，局部画出拉丝质感。

Step 04 继续深入调整细节：增加金属的灰色层次和渐变，画出宝石结构，拉丝的效果逐渐表现到位。

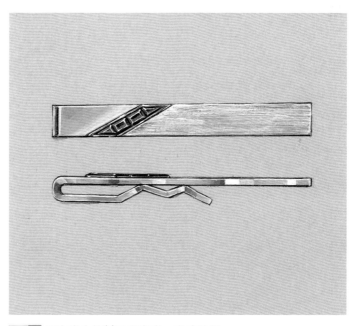

Step 05 用高光白颜料画出高光，完成绘制。

6.8.3 领带夹绘制三——金属分色领带夹

领带夹画法 3

工 具：自动铅笔、水粉/水彩颜料、画笔勾线笔、高光 白颜料、黑色圆珠笔	使用颜色：

步骤分解：

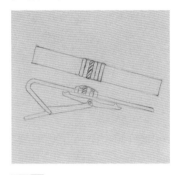

Step 01 用自动铅笔起稿，在卡纸上画出领带夹正面及侧面结构，注意正侧面比例是一一对应的。

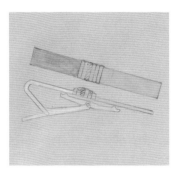

Step 02 根据分色设计局部平铺灰色和黄色，颜色尽量稀薄不要覆盖结构线。

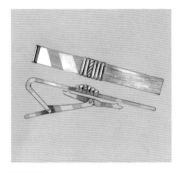

Step 03 白色金属用深浅不一的灰色画出金属反光，用深浅不同的黄色画出每个局部的立体感，粗略地画出拉丝质感，用黑色圆珠笔修饰整体造型。

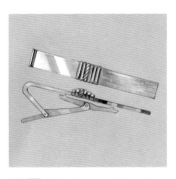

Step 04 调整白色金属和黄色金属的颜色过渡，继续给金属叠加颜色层次。

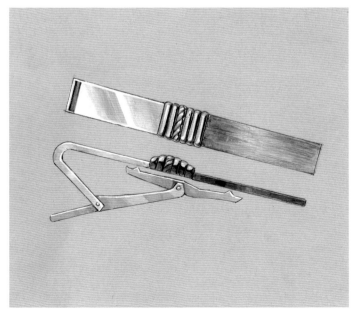

Step 05 调整画面细节，使金属的渐变、拉丝效果表现到位。用高光白颜料画出高光，完成绘制。

6.9 袖扣效果图绘制

袖扣是用在专门的袖扣衬衫上，代替袖口扣子部分的，它的大小和扣子尺寸相当。相比领带夹存在于领带中央的视觉焦点，隐藏于袖口边缘的袖扣显得含蓄内敛，但举手投足间也会把主人的好品位展露无遗。袖扣以对称式设计为主，常见形状为方形、圆形、椭圆形、三角形等。

绘制袖扣，一般画正面效果图即可，同时也可以补充侧面结构，使画面更加完整。另外，袖扣还可以以立体视角呈现。

6.9.1 袖扣绘制———三角形玫瑰金袖扣

袖扣画法 1

袖扣和耳钉、领带夹一样，常规只需要画出正面即可，画出正侧面是为了更好地展示细节。

工　　具：自动铅笔、水粉 / 水彩颜料、画笔勾线笔、高光白颜料、黑色圆珠笔	使用颜色：

步骤分解：

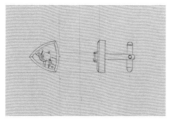

Step 01 用自动铅笔起稿，画出袖扣的正面和侧面，注意正侧面的比例一一对应。

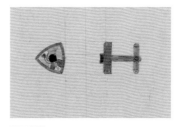

Step 02 为金属整体平铺肤色（玫瑰金），中间的贝母用浅灰色概括，为金属局部涂黄色，用湖蓝色和普蓝色调出主石的颜色。

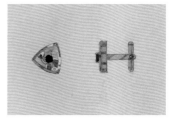

Step 03 玫瑰金部分，分别用肤色加白色、肤色加赭石等调出浅色和深色，画在不同位置，增加颜色层次。

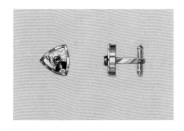

Step 04 调整整体画面，中间的蓝宝石用白色加蓝色简单地勾勒出刻面效果，黄色金属和贝母加入白色调亮，玫瑰金部分继续加强金属感，为珐琅局部涂黑色。

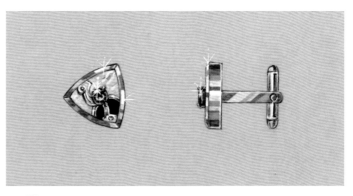

Step 05 用高光白颜料加上发光效果，完成绘制。

6.9.2 袖扣绘制二——镶嵌鲍鱼贝袖扣

袖扣画法 2

工　　具：自动铅笔、水粉 / 水彩颜料、画笔勾线笔、 高光白颜料、黑色圆珠笔	使用颜色：

步骤分解：

Step 01 用自动铅笔起稿，画出正面和倾斜角度的一对袖扣。

Step 02 用深浅不一的灰色概括画出金属颜色层次，对于鲍鱼贝，要表现出表面丰富的颜色（和欧泊画法一样）。

Step 03 用黑色圆珠笔修饰形体，并用白色概括画出金属亮部。

Step 04 添加绿色、蓝色、红色等不同的颜色，使鲍鱼贝颜色更加丰富。

Step 05 调整整体效果，完成绘制。

6.9.3 袖扣绘制三——原创皇冠图案袖扣

袖扣画法 3

工　　具：自动铅笔、水粉 / 水彩颜料、画笔勾线笔、高光白颜料、黑色圆珠笔	使用颜色：

步骤分解：

Step 01 用自动铅笔起稿，画出一对不同角度的袖扣。

Step 02 用黄色画出基本色并加赭石和熟褐调出深色画暗部，为珐琅直接平涂黑色。

Step 03 用白色概括出高光的区域。

Step 04 用黄色局部调亮金属色，增加层次细节。

Step 05 调整整体效果，用高光白颜料点出高光，画出发光效果，完成绘制。

6.10 珠宝套装手绘作品

　　珠宝一般两件以上成套，常见套装有三件套、五件套。另外，还可以根据款式造型确定数量。常见的三件套一般包括戒指、耳饰和吊坠；五件套一般包括吊坠、胸针、戒指、手链/手镯、耳饰。套装要有相同点，也就是主要元素，可提取某一部分做方向改变，主题风格、工艺和材质一般要求一致。

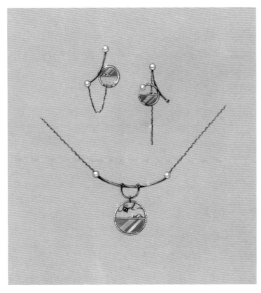

《海天一色》套装：胸针、耳坠、项链

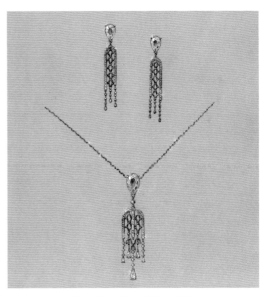

《flow》套装：耳坠、项链

《窗格》套装：耳坠、戒指、手链

《SAKURA》套装：耳坠、手链、项链、胸针

《旋律》套装：耳坠、项链、胸针、戒指、手镯　　　　《岭南印象园》套装：耳坠、项链、胸针、手镯

《爱神之箭》套装：耳坠、项链、戒指、胸针、手镯

PART ▸▸
07

巧用 PS 后期
处理技能

7.1 PS后期处理技能——抠图

Photoshop（简称PS）作为图像后期制作的一种手段，也可以应用到珠宝手绘中。PS后期一般是给手绘图进行润色，一来可以制作一些画面效果，比如把原来画的灰色卡纸换成黑色卡纸，使得手镯立体效果增强；二来可以修正画面，例如在绘画过程中把纸弄脏了，画面效果会受到影响，可以通过软件去除污渍；三来可以提升工作效率，例如，同一个款式需要放在白背景和黑背景中对比，重复画同一款肯定会耗费很多时间，可以借助软件直接复制款式图切换背景就可以了。

在珠宝手绘中，最常用的就是抠图技能，下面简单介绍。

抠图

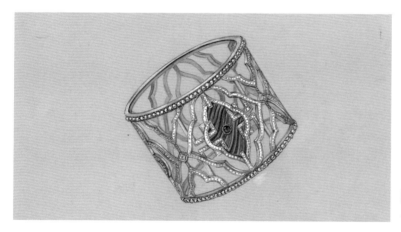

Step 01 准备一张扫描好的手镯图片。

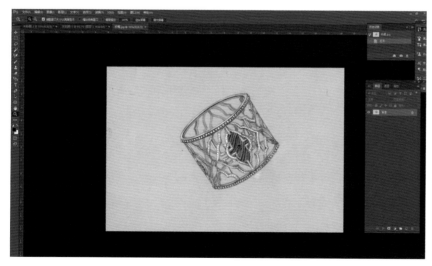

Step 02 将手镯图拖到PS界面里。

Step 03 在右边的"图层"面板中新建一个图层。

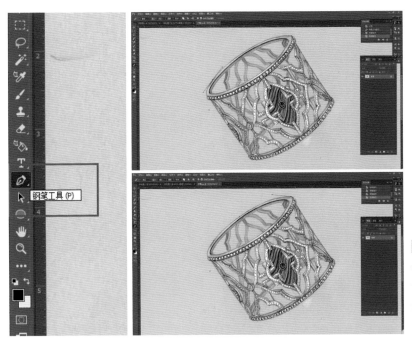

Step 04 选择"钢笔工具"围绕手镯外轮廓开始抠图：分段选择外轮廓，最后跟开始的"点"重合。

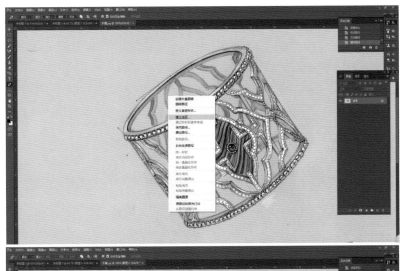

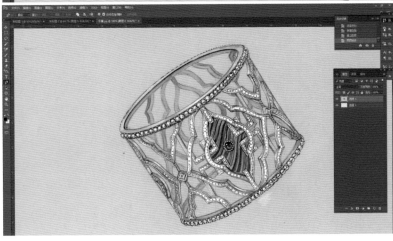

Step 05 单击鼠标右键，选择"新建选取"命令，选取后，外轮廓就会变成虚线被框选出来。

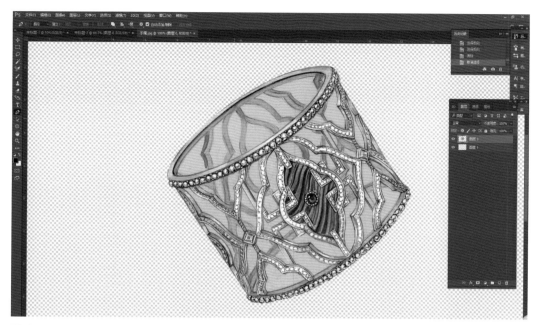

Step 06 按下"Ctrl+Shift+I"组合键反选选区，并按下"Delete"键，把手镯外多余的背景删掉。

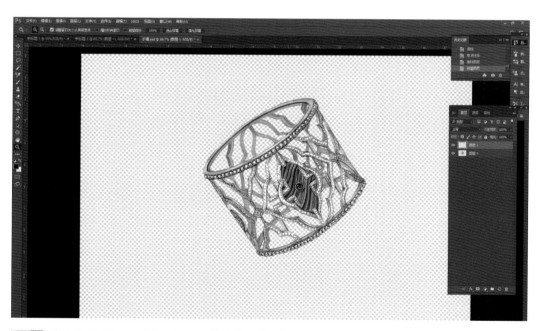

Step 07 继续用"钢笔工具"把手镯里面镂空的区域选择出来并删除，就将手镯从"纸"上抠出来了。

本节介绍如何把原来手绘的灰色卡纸换成黑色背景。

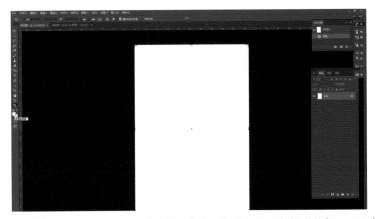

Step 01 选择"文件"→"新建文档"命令,在弹出的对话框中选择 A4 尺寸,新建一张 A4 纸大小的文档。

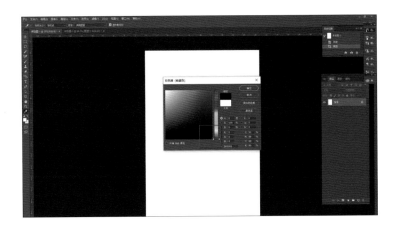

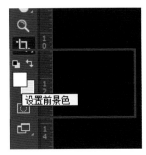

Step 02 单击"设置前景色"按钮,选择黑色,单击"确定"按钮。

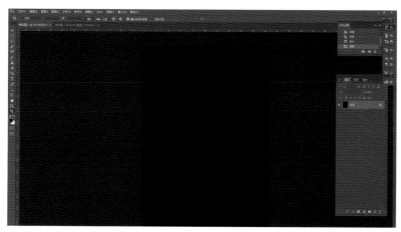

Step 03 按下"Alt+Delete"组合键，文档就被填充成了黑色。

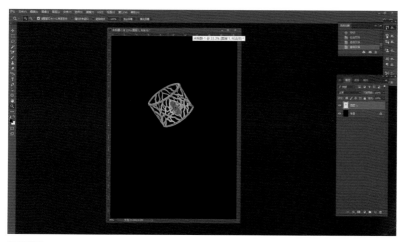

Step 04 将刚才"抠"出来的手镯拖到黑色背景中。

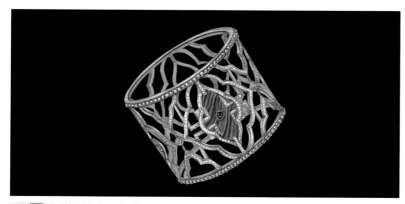

Step 05 换背景操作即完成。

　　可以扫描一些纸作为背景素材，如把空白的牛皮纸、一些有肌理的特种纸用扫描仪扫描，并用 PS 裁剪好，需要的时候可以作为效果背景图。

7.3 PS 后期处理技能——绘制发光效果

手绘最后一步"加"米"字形发光",对绘图功力的要求还是很高的。下笔要轻,线条有轻重,还要保证细致,很多人可能因为最后一步画"发光效果"时不小心而毁了画面。其实可以通过 PS 进行后期处理来帮助我们完成这一步。

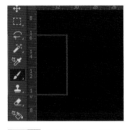

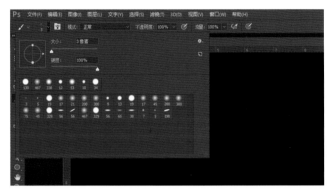

Step 01 打开 PS,在工具栏中选择"画笔工具",设置画笔"大小"为"3 像素"。

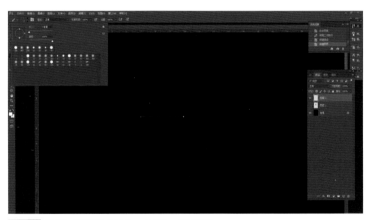

Step 02 选择"钢笔工具",画出一段横线。

Step 03 单击鼠标右键,选择"描边路径"命令,在弹出的对话框中选择"画笔"选项,勾选"模拟压力"复选框,单击"确定"按钮,使线条变得中间粗两头细。

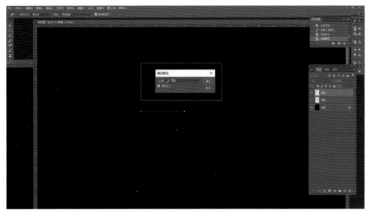

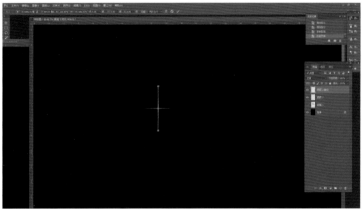

Step 04 新建一个图层，用"钢笔工具"在横线上画一段竖线，重复 Step 03 步骤。

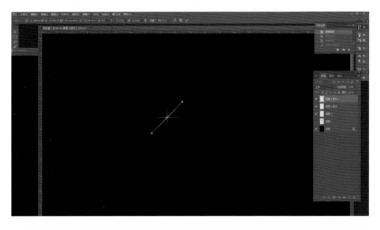

Step 05 复制画竖线的图层，按"Ctrl+T"组合键，将其旋转 45°（红框所示）。

Step 06 陆续完整地画出"米"字，再选择"滤镜"→"模糊"→"高斯模糊"命令，使得"发光"效果柔和、自然。

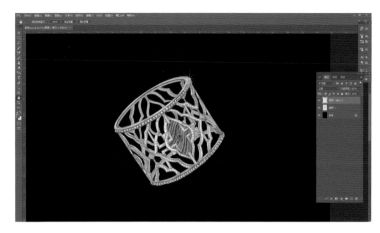

Step 07 将"发光"效果拖到手镯上。

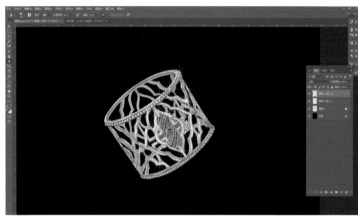

Step 08 将同系列的手绘图放到同一个背景上，根据画面效果调整背景颜色，复制"发光"图层，放到一些钻石和金属的位置，同时可以通过按"Ctrl+T"组合键调出自由变换控制框，调整"发光"的大小，使其有大小、疏密变化，完成操作。

巧用 PS 后期技能总结

　　计算机在各行各业都有着普遍的应用，珠宝也不例外。除了像 PS 这种用于平面图像的后期处理工具，在珠宝制图中也经常使用 3D 软件。

　　本节主要介绍 PS 对传统手绘后期制作的"辅助"作用。关于 PS 的使用，我认为如果作品的最终效果是 100 分，传统手绘可达 80 ～ 99 分，而 PS 可以把效果图从 99% 调至 120% 的预期效果。当然这不是说要用软件取代传统手绘的画法。

　　PS 除了常用的"抠图""换背景""绘制发光效果"等功能，还可以利用 PS 的"曲线""饱和度""对比度"等功能调整画面效果，给效果图加"滤镜"等。PS 有很多后期处理技能可以使用。使用 PS 的最终目的是让手绘图"锦上添花"。

　　手绘和软件绘图是相辅相成的，这种结合也使得设计工作效率大大提升。本书主要介绍的还是传统手绘，本节作为手绘的补充，并未讲得很详尽，有兴趣的读者可以继续深入研究相关软件。

08

珠宝设计思维
与手绘创作

原创珠宝手绘"紫气东来"礼箸设计：作品灵感来自中国文化中的筷子，结合珠宝元素设计成为礼品筷子，亦可作簪。筷子承载着中华民族的文化和情感，有传承、思念、感恩等美好寓意。

工　具：自动铅笔、水粉/水彩颜料、画笔勾线笔、 　　　　高光白颜料、黑色圆珠笔	使用颜色：

步骤分解：

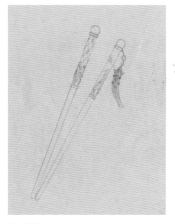

Step 01 用自动铅笔在牛皮纸上画出一对礼箸饰品的造型。

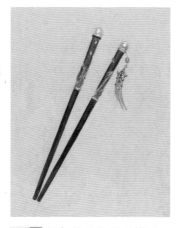

Step 02 根据饰品的色彩搭配，然后平涂每种材质的基础色，并在暗部加深。

Step 03 用黑色圆珠笔勾勒饰品细节。

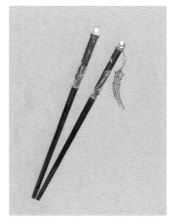

Step 04 用白色概括地画出高亮区域。

Step 05 绘制珍珠、玫红宝石、小钻、金属等材质的细节。

Step 06 调整画面效果，用白色画出高光，完成绘制。

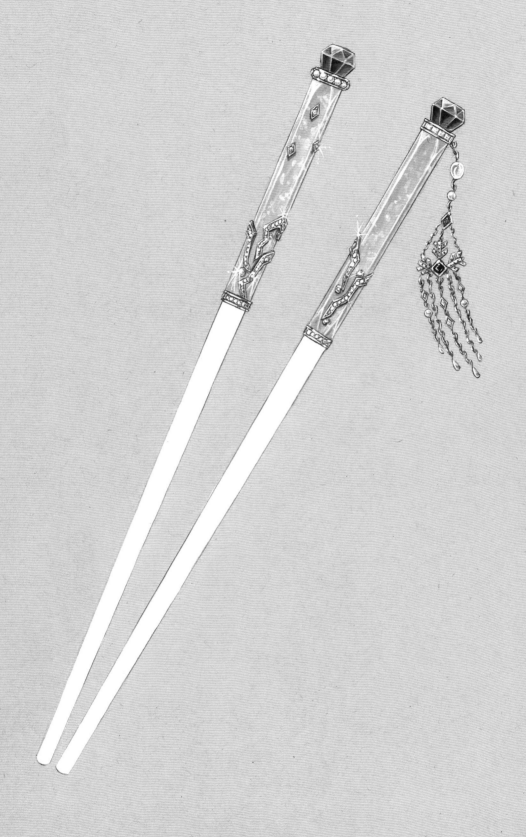

　　作品灵感来自东方传统扇文化。折扇体现了我国古人成熟的造物智慧。"扇"和"善"谐音，代表和谐、友善，扇子辐射开去的形状寓意着发扬，最大限度地开发每个人的长处，把中国文化和民族精神最大限度地传承下去。

　　项链造型以"扇"作为基本元素，将轮廓抽象概念化，中西融合，配色简约，和珍珠进行巧妙的搭配，体现了当代女性光彩照人的优雅风尚。项链的主体部分可以拆卸作为胸针，耳坠是 AB 款设计，也可以单独佩戴。

精卫填海·珠宝设计

作品灵感来自于《山海经》中一则关于精卫衔来木石，决心填平大海的故事。

作品把精卫鸟和海用珠宝的方式表现了出来，带着神秘感的金黄色鸟嘴里悬挂红色宝石，用彩色金属镶嵌白色宝石代表起伏翻滚的海浪，别出心裁，旨在设计上体现海水层次与精卫鸟的生命力，契合坚强、锲而不舍的精神。

　　作品灵感源于《辛氏三秦记》中一则关于"鱼跃龙门"的故事。作品以翻腾的海浪为项圈的造型，钻石代表鳞片，鲤鱼纷纷向龙门跃起，让画面呈现虚实感——"鱼"为实，"龙门"为虚。以"海浪"的造型作为"鱼"和"龙门"的连接，使整个项链看起来更加灵动，画面栩栩如生。

海市蜃楼·珠宝设计

　　作品灵感源于北宋沈括所著《梦溪笔谈·异事》中关于海中异象的记述。海市蜃楼是虚幻的事物，这样奇特的现象，想必很多人也非常好奇。此款项链的设计同时借鉴了动画《小倩》和《千与千寻》里面一些关于古典的建筑的场景设计。用宝石镶嵌造型、结构等的虚实变化，来表现心中"海市蜃楼"的景象：远处稀疏的云层里，出现了神秘的楼宇，在空中虚无缥缈。

作品灵感源自牛郎织女的故事，提取"鹊""云彩""银河"等元素，将珍珠和彩宝大胆地结合在一起，体现变幻多端的云彩和遥远无垠的银河。两只"喜鹊"相约在秋风白露的七夕，为牛郎和织女相会做好准备。珍珠作为"鹊桥仙"也呼应主题"团圆"的寓意。

"两情若是久长时，又岂在朝朝暮暮。"鹊桥言别，恋恋之情，只要能彼此真诚相爱，爱情也经得起长久分离的考验。

作品设计灵感出自唐朝贺知章的《咏柳》："碧玉妆成一树高，万条垂下绿丝绦。不知细叶谁裁出，二月春风似剪刀。"

此诗借柳树歌咏春风，把春风比作剪刀，说它是美的创造者，赞美它裁出了春天。项圈造型上，采用繁、简结合的方式，有写实的橄榄石拼成的柳条造型，用拱形的线条概括出的柳枝，垂下的白钻如摆动的柳条，燕子的身体黑白相间，黑珐琅与白钻是繁与简的搭配，穿梭于柳树之间，让视觉空间如旋律般有张有弛舒展开来。

它是自然活力的象征，是春天给予人们的美的启示。

这款项链的设计灵感来自张九龄《望月怀古》中的诗句："海上生明月，天涯共此时。"

该诗通过对主人公望月时思潮起伏的描写，来表达诗人对远方之人的思念之情。月华如练、幽静秀丽，设计灵感来源于传统文化，设计形式上采用西式的结构与材质，色彩以浅色的绿黄和白色为主。一轮镶满黄色宝石的明月在云层里挂起，复杂的相交线条勾勒出缠绵的云朵，有怀远之情人，难免终夜相思，彻夜不眠。

8.9　飞天·珠宝设计

　　设计灵感来自敦煌飞天壁画，"飞天"的造型，以流线型概括人物形体的变化，将身体的摆动和衣裙飘带的走势连为一体抽象概括，为项圈造型赋予流动的意态，体现出节奏与韵律。

　　这幅作品主要捕捉人物与乐器互动的自然形态，颜色上想要表达更多自己的想法，采用紫色、黄色等补色进行搭配，宝石采用大小不一的搭配，尝试碰撞出新的火花。"飞天"寓意着对精神解放的追求，对未来、自由和平等美好理想的憧憬。

作品灵感来源于中国传统文化中的青花瓷。青花瓷是中国历史的一块瑰宝，通过一笔笔青花颜料的勾勒与描绘，让素白的瓷片瞬间有了鲜活的生命，展现出那若隐若现的飘逸和浓厚的文化底蕴。作品通过青花色的青金石材料结合温润翠蓝的坦桑石珠子，营造出古诗中"大珠小珠落玉盘"的优美意境，展现出中国传统文化独具一格的秀外慧中和端庄优雅。

PART ▸▸

09

高级珠宝绘制
作品欣赏 & 临摹

9.1.1 杜鹃

9.1.2、荷花

9.1.3 菊花

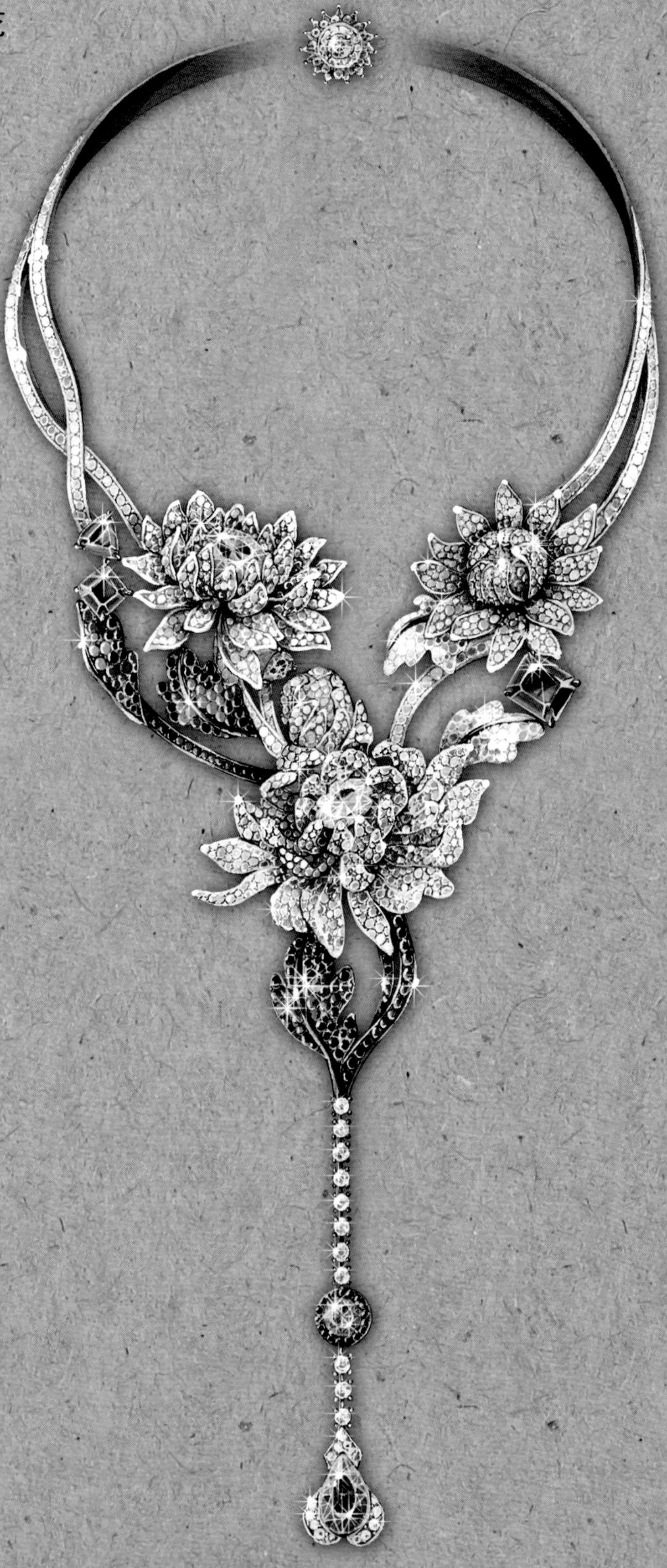

9.1.4 兰花

9.1.8 梅花

9.2.1 松鹤延年·珠宝设计

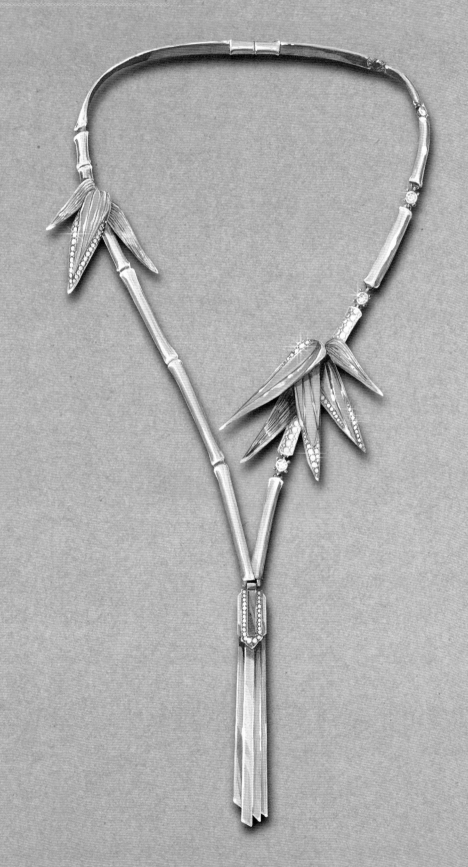